嗨学

新版 全国一级建造师
执业资格考试三阶攻略

JIANZAO

市政公用工程管理与实务
一级建造师考试100炼

浓缩考点　提炼模块　提分秘籍

嗨学网考试命题研究组　编

北京理工大学出版社
BEIJING INSTITUTE OF TECHNOLOGY PRESS

图书在版编目（CIP）数据

市政公用工程管理与实务. 一级建造师考试100炼 / 嗨学网考试命题研究组编. -- 北京 : 北京理工大学出版社, 2024. 6.
(全国一级建造师执业资格考试三阶攻略).
ISBN 978-7-5763-4276-5

Ⅰ. TU99-44

中国国家版本馆CIP数据核字第2024V5G235号

责任编辑：王梦春　　文案编辑：辛丽莉
责任校对：刘亚男　　责任印制：边心超

出版发行 / 北京理工大学出版社有限责任公司
社　　址 / 北京市丰台区四合庄路6号
邮　　编 / 100070
电　　话 / （010）68944451（大众售后服务热线）
　　　　 / （010）68912824（大众售后服务热线）
网　　址 / http: //www.bitpress.com.cn

版 印 次 / 2024年6月第1版第1次印刷
印　　刷 / 天津市永盈印刷有限公司
开　　本 / 889 mm × 1194 mm　1/16
印　　张 / 14
字　　数 / 362千字
定　　价 / 58.00元

嗨学网考试命题研究组

主　　编：王　欢

副 主 编：马　莹　宋立阳　谢明凤

其他成员：陈　行　杜诗乐　黄　玲　寇　伟　李　理
李金柯　林之皓　刘　颖　马丽娜　马　莹
邱树建　宋立阳　石　莉　王　欢　王晓波
王晓丹　王　思　武　炎　许　军　谢明凤
杨　彬　杨海军　尹彬宇　臧雪志　张　峰
张　琴　朱　涵　张　芬　伊力扎提·伊力哈木

前言

注册建造师是以专业技术为依托，以工程项目管理为主业的注册执业人士。注册建造师执业资格证书是每位从业人员的职业准入资格凭证。我国实行建造师执业资格制度后，要求各大、中型工程项目的负责人必须具备注册建造师资格。

“一级建造师考试100炼”系列丛书由嗨学网考试命题研究组编写而成。编写老师在深入分析历年真题的前提下，结合“一级建造师考试100记”知识内容进行了试题配置，以帮助考生在零散、有限的时间内进一步消化考试的关键知识点，加深记忆，提高考试能力。

本套“一级建造师考试100炼”系列共有6册，分别为《建设工程经济·一级建造师考试100炼》《建设工程项目管理·一级建造师考试100炼》《建设工程法规及相关知识·一级建造师考试100炼》《建筑工程管理与实务·一级建造师考试100炼》《市政公用工程管理与实务·一级建造师考试100炼》《机电工程管理与实务·一级建造师考试100炼》。

在丛书编写上，编者建立了“分级指引、分级导学”的编写思路，设立“三级指引”，给考生以清晰明确的学习指导，力求简化学习过程，提高学习效率。

一级指引：专题编写，考点分级。建立逻辑框架，明确重点。图书从考试要点出发，按考试内容、特征及知识的内在逻辑对科目内容进行解构，划分专题。每一专题配备导图框架，以帮助考生轻松建立科目框架，梳理知识逻辑。

二级指引：专题雷达图，分别从分值占比、难易程度、案例趋势、实操应用、记忆背诵五个维度解读专题。指明学习攻略，明确掌握维度。针对每个考点进行星级标注，并配置3～5道选择题。针对实务科目在每一专题下同时配备了“考点练习”模块（案例分析题）帮助考生更为深入地了解专题出题方向。

三级指引：随书附赠色卡，方便考生进行试题自测。

本套丛书旨在配合“一级建造师考试100记”帮助考生高效学习，掌握考试要点，轻松通过注册建造师考试。编者在编写过程中虽已反复推敲核证，但疏漏之处在所难免，敬请广大考生批评指正。

目录

CONTENTS

第一部分　前　瞻

一、考情分析

1.试卷构成

考试科目	考试时间	题型	题量	满分
建设工程经济	2小时	单选题	60题	100分
		多选题	20题	
建设工程法规及相关知识	3小时	单选题	70题	130分
		多选题	30题	
建设工程项目管理	3小时	单选题	70题	130分
		多选题	30题	
市政公用工程管理与实务	4小时	单选题	20题	160分（选择题40分+案例题120分）
		多选题	10题	
		案例题	5题	

市政公用工程管理与实务科目题型有单项选择题、多项选择题和案例分析题，其中：

单项选择题：共20题，每题1分。每题的备选项中，只有1个最符合题意，选择正确则得分。

多项选择题：共10题，每题2分。每题的备选项中，有2个或2个以上符合题意，至少有1个错项。如果选中错项，则本题不得分；如果少选，所选的每个选项得0.5分。

案例分析题：共5题，第一至三题各20分，第四、五题各30分。

市政公用工程管理与实务科目的及格分数线基本维持在60%，即96分，仅在2014年出现降分情况（88分）。我们对真题进行精心研读与数据分析，发现市政公用工程管理与实务科目中依然遵循“重点恒重，偏点轮换”的原则，建议考生把握重点，切勿避重就轻。

相比于其他科目，本科目考试题量大、分值多，不仅包含40分的客观题（选择题），还有120分的主观题（案例题），由于案例题需要考核考生对知识点的理解、记忆、应用等综合能力，故需要着重对待。题型不同会导致学习深度有所差异，对考点建议分层次来学习，有的放矢。

2.专题划分

市政公用工程管理与实务包含三大部分：技术部分、法规部分、管理部分，通过以下图表“近五年真题在各个部分的分值占比”可以直观地发现，技术部分占比远超法规管理部分，也直接反映出本科目考试主要集中在技术部分，“懂技术过市政”是不变的通关常识。

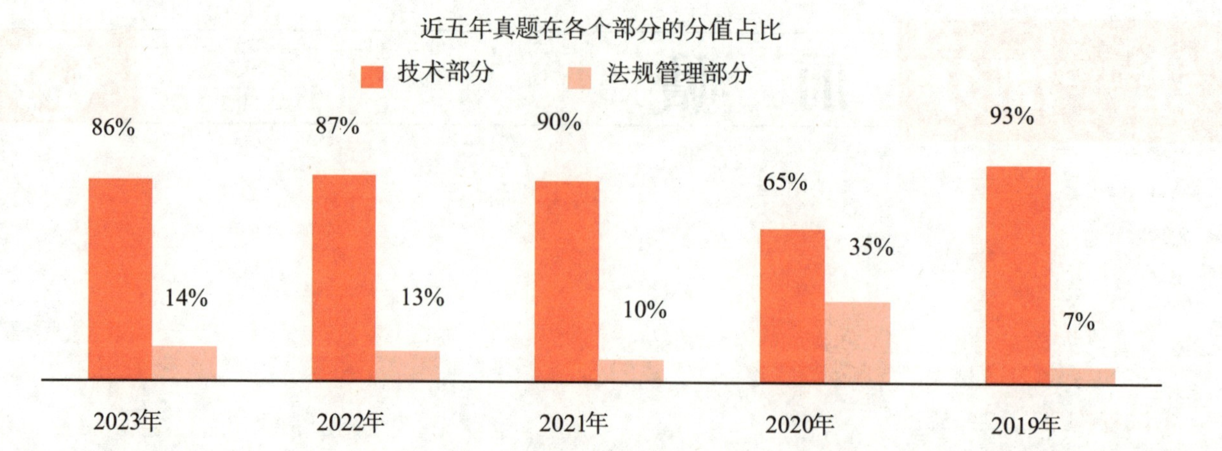

虽然教材包含技术、法规、管理三大部分，但对于真题的分析不够细化，故我们往下一层级继续拆解，匹配出八大专题，分别是：专题一道路工程；专题二桥梁工程；专题三隧道与轨道交通工程；专题四给水排水处理厂站工程；专题五管道工程；专题六综合管廊+垃圾处理+海绵城市；专题七基础设施更新+测量+监测；专题八法规管理部分。各个专题在近五年真题中出现的分值占比如下图所示。

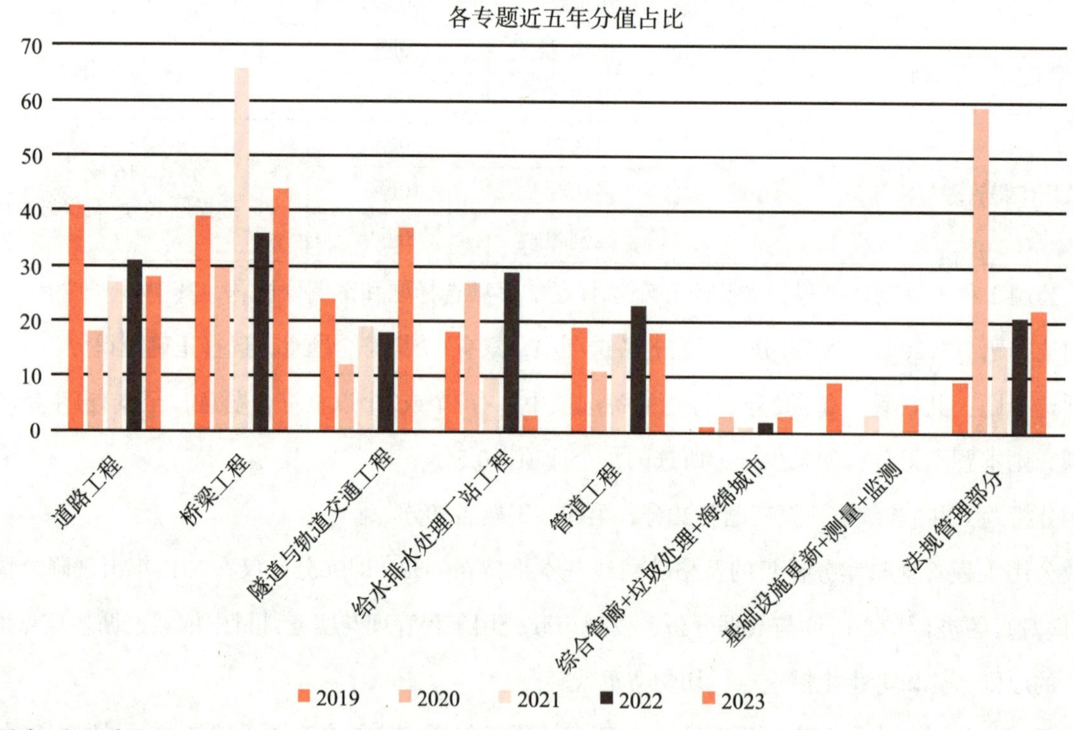

从图表可以看出：

分值占比最大的属于专题二桥梁工程，年均考核分值达到43分左右，甚至某些年份出现两道以本专题为背景的案例题，需要重点对待。

其次是专题一道路工程，专题三隧道与轨道交通工程，专题八法规管理部分，年均考核分值在20～30分，教材大改版之后，专题三有可能呈现上升趋势。

再次是专题四给水排水处理厂站工程和专题五管道工程，年均考核分值接近20分，并且这两专题在同一年考试中有此消彼长的趋势。

分值占比最小的是专题六综合管廊+垃圾处理+海绵城市和专题七基础设施更新+测量+监测，分值年均只有3分左右，主要以选择题形式出现，在备考时间、精力上可以适当放松。

二、题型分析及答题技巧

1.选择题

选择题类型	真题占比	题干示例	考核方向
填空题	45%	关键信息挖空处理	考核对材料性能、施工要点、机械选择、工艺选择等信息作出判定
归属题	25%	以下包括/属于/有……	考核归属关系
判断正误题	30%	以下说法正确或错误的是	考核综合分析能力

（1）题型示例

【填空题】

先简支后连续梁的湿接头设计要求施加预应力时，体系转换的时间是（　　）。

A.应在一天中气温较低的时段

B.湿接头浇筑完成时

C.预应力施加完成时

D.预应力孔道浆体达到强度时

【答案】D

【解析】湿接头应按设计要求施加预应力、孔道压浆；浆体达到强度后应立即拆除临时支座，按设计规定的程序完成体系转换。同一片梁的临时支座应同时拆除。

【归属题】

用于路面裂缝防治的土工合成材料应满足的技术要求有（　　）。

A.抗拉强度

B.最大负荷延伸率

C.单位面积质量

D.网孔尺寸

E.搭接长度

【答案】ABCD

【解析】用于裂缝防治的玻纤网和土工织物应分别满足抗拉强度、最大负荷延伸率、网孔尺寸、单位面积质量等技术要求。

【判断正误题】

关于超前小导管注浆加固技术要点的说法，正确的有（　　）。

A.应沿隧道拱部轮廓线外侧设置

B.具体长度、直径应根据设计要求确定

C.成孔工艺应根据地层条件进行选择，应尽可能减少对地层的扰动

D.加固地层时，其注浆浆液应根据以往经验确定

E.注浆顺序应由下而上，间隔对称进行，相邻孔位应错开，交叉进行

【答案】ABCE

【解析】D选项错误，超前小导管加固地层时，其注浆浆液应根据地质条件、并经现场试验确定；并应根据浆液类型，确定合理的注浆压力和选择合适的注浆设备。

（2）答题技巧

选择题考核的内容基本源自教材原文，因此熟悉教材，提升知识储备量是选择题取得高分的关键要素。当然，适当运用答题技巧，也能在把握不准的题目中“巧取”一定分数，下面针对选择题答题技巧给考生一些建议。

①单选题做题技巧：一选、二推、三排、四猜。

选：直接选择法，熟悉考点的话直接选出正确项。

推：逻辑推理法，当无法直接选出正确项时，用逻辑推理的方法判断出正确的选项。

排：排除法，当不能推理出正确项时，用逐个排除法排除不正确的选项。

猜：猜测法，当以上都没有用时，可尝试凭直觉猜测，按经验来说，相信第一感觉猜中概率大，反复猜测容易将对的又改成错的。

②多选题技巧：宁可少选，不可选错。

多选题由题干和五个备选项组成，其中至少有2个，最多有4个选项符合题意，即至少有一个选项是干扰项；全部选对得2分，选错一个则不得分，若答案中没有错误选项，但选项不全，则所答选项每个得0.5分。

一定要选择有把握的选项，在没有绝对把握的情况下最好不选；若对所有选项都没有把握时，可用猜测法选择1项，千万别空着不选。选一个正确选项也有0.5分。

2.案例题

类型	占比	题干示例	答题方向
改错型	9%	分别指出……错误之处并给出正确做法	定位准确，规范格式
判定型	23%	指出……是什么或者是否成立并说明理由	收敛思维，筛选主次
排序型	10%	写出工序……的名称	瞻前顾后，层级把控
补充型	7%	请补充或完善……	紧扣原则，宁滥勿缺
简答型	41%	写出……的要求/条件/措施/原因/技术要点	发散思维，逻辑自洽
计算型	9%	计算工期、钢绞线用量、桩长、桩数、支架高度、渗水量等	图文结合，单位细节

【背景资料】

某公司承建一城市道路工程，道路全长3000m。穿过部分农田和水塘，需要借土回填和抛石挤淤。工程采用工程量清单计价，合同约定分部分项工程量增加（减少）幅度在15%以内执行原有综合单价。工程量增幅大于15%时，超出部分按原综合单价的0.9倍计算；工程量减幅大于15%时，减少后剩余部分按原综合单价的1.1倍计算。

项目部在路基正式压实前选取了200m作为试验段，通过试验确定了合适吨位的压路机和压实方式。工程施工中发生如下事件：

事件一：施工过程中，地质环境复杂，分为路堑开挖工程和路堤填筑工程，且在路基的施工过程中，赶上雨季，频繁下雨，项目部针对路基雨期施工做了详细部署。项目技术负责人现场检查时发现压路机碾压时先高后低，先快后慢，先静后振，由路基中心向边缘碾压。技术负责人当即要求操作人员停止作业，并指出其错误要求改正。

事件二：路基施工期间，有块办理过征地手续的农田因补偿问题发生纠纷，导致施工无法进行，为此延误工期20天，施工单位提出工期和费用索赔。

事件三：工程竣工结算时，借土回填和抛石挤淤工程量变化情况如下表所示。

工程量变化情况表

分部分项工程	综合单价（元/m^3）	清单工程量（m^3）	实际工程量（m^3）
借土回填	21	25000	30000
抛石挤淤	76	16000	12800

事件四：在进行水泥稳定土基层施工前，项目部编制了施工方案，施工流程是，施工放样→厂拌混合料→A→摊铺→B→C→验收。

【问题】

1.除确定合适吨位的压路机和压实方式外，试验段还应确定哪些技术参数?

【答案】还应确定路基预沉量值，确定压实遍数、路基范围内每层的虚铺厚度。

题型定位：补充型。

难度系数：★★

技巧解析：紧扣原则，宁滥勿缺。

“补充型”题目在背景信息和题干信息中都会有一定提示，出题人考核的方向基本和这些提示信息处于同一层级，捋清楚逻辑关系，往往就能推导出相应的答案，把握不住且开放度较高的题目，可以多答以靠近采分点。

2.分别指出事件一中压实作业错误之处并写出正确做法。

【答案】

错误之处：先高后低、先快后慢、由路基中心向边缘碾压。

正确做法：先低后高、先慢后快、由路基边缘向中心碾压。

题型定位：改错型。

难度系数：★

技巧解析：定位准确，规范格式。

“改错型”题目属于综合难度较低的一类，一般错误信息较为明显，如果改错点较少且包含互斥关系，可考虑往对立方向修改。注意要规范好格式，先把错误之处“抄下来”，再将正确做法“改出来”。

3.针对道路路基雨期施工，应注意的事项有哪些?

【答案】(1) 对于土路基施工，要有计划地集中力量，组织快速施工，分段开挖，切忌全面开挖或挖段过长。

（2）挖方地段要留好横坡，做好截水沟。坚持当天挖完、压完，不留后患。

（3）填方地段施工，应按2%～3%的横坡整平压实，以防积水。

题型定位：简答型。

难度系数：★★★

技巧解析：发散思维，逻辑自洽。

“简答型”是所有题型中出现频率最高的一种，当然也是难度较大的一类题型。最主要的难点是“难记忆、易超纲、多实操”，建议考生应对此类案例题时事先列好简要“提纲”，避免出现想到哪写到哪，漫无边际地去作答。这类题型需要重逻辑，比如根据事前事中事后的工序进展、“人机料法环”的理念，结合技术方向和管理方向等技巧来应对。

4.事件二中，施工单位的索赔是否成立？请说明理由。

【答案】（1）施工单位索赔成立。

（2）因为办理过征地手续的农田因补偿问题发生纠纷是业主的责任，施工单位无责任。工期延误20天是由甲方原因引起，应延长工期20天，机械和误工费用由甲方原因引起，应由甲方给予补偿。

题型定位：判定型。

难度系数：★或★★

技巧解析：收敛思维，筛选主次。

“判定型”和“简答型”题目的答题方式有所对立，“简答型”需发散，可多答，而“判定型”往往结合材料名称、规模类型、部门种类等，是让考生在备选答案中选择其一或几个，判定出最符合题意的部分，因此切记不要多答，不能给人模棱两可的感觉。

5.分别计算事件三中借土回填和抛石挤淤的费用。

【答案】（1）借土回填费用：25000×（1+15%）=28750（元）＜30000（元）

21×28750+（30000−28750）×21×0.9

=603750+23625=627375（元）。

（2）抛石挤淤费用：16000×（1−15%）=13600（元）＞12800（元）

76×12800×1.1=1070080（元）。

题型定位：计算型。

难度系数：★★★

技巧解析：图文结合，单位细节。

“计算型”同样作为难度较大的类别，需要捋清楚做题思路，图文结合，做题时往往步骤繁多，一环扣一环，因此入手点很关键，入手点错误往往会陷入思维陷阱，耗时且方向错误。“计算型”题目在历年考试中往往考核计算工期、钢绞线用量、桩长、桩数、支架高度、渗水量等。“计算型”题目还有多种小类别，同类型题目的解题思路基本一致。最后，计算题的细节把控很关键，注意好“单位”，在计算过程中需留意，它也可能是解题的提示信息。

6.事件四中，请答出A、B、C的工序名称。

【答案】A：混合料运输；B：压实；C：养护。

题型定位：排序型。

难度系数：★★

技巧解析：瞻前顾后，层级把控。

“排序型”题目本身考核的是施工工序，主要考核工序名称和工序间的逻辑关系。“技术是市政实务的核心，而工序是技术的核心”，工序的重要性不言而喻，市政实务中不少技术原理是通用的，比如“地铁车站结构、水池结构、综合管廊结构”有不少相通性，考生要学会融会贯通。在做“排序型”题目过程中，请考生务必要利用好提示信息，并且要注意提示信息和考查信息之间的逻辑关系，答题需遵循“不可或缺性”，避免出现没答到核心工序上。

三、100炼编写特点

为方便读者梳理知识体系框架，本书将原有教材体系进行解构，重新排列，分成八大专题，每专题下设置“导图框架”，与三阶攻略系列丛书“100记”前后学练呼应。另外设置“专题雷达图”，从“分值占比、难易程度、案例趋势、实操应用、记忆背诵”五维角度分析专题特征，帮助考生对“专题定位”有清晰把控。

“金题百炼”部分，根据考点重要层级，匹配对应的经典习题，选择题部分针对性较强，故在考点层级下配置，案例题部分综合性更强，故在专题层级下配置。

“触类旁通”部分，将教材中存在的各种规律进行提炼，形成专项总结，帮助考生在冲刺阶段，快速辨析易混易错的考点，加强记忆。

第二部分 金题百炼

专题一 道路工程

导图框架

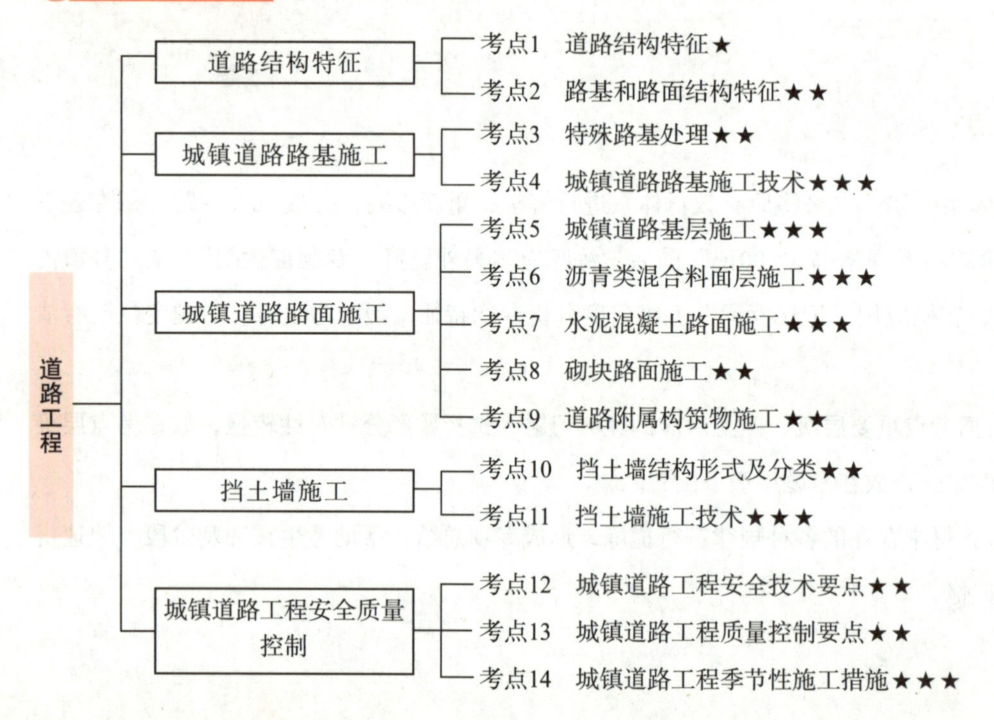

专题雷达图

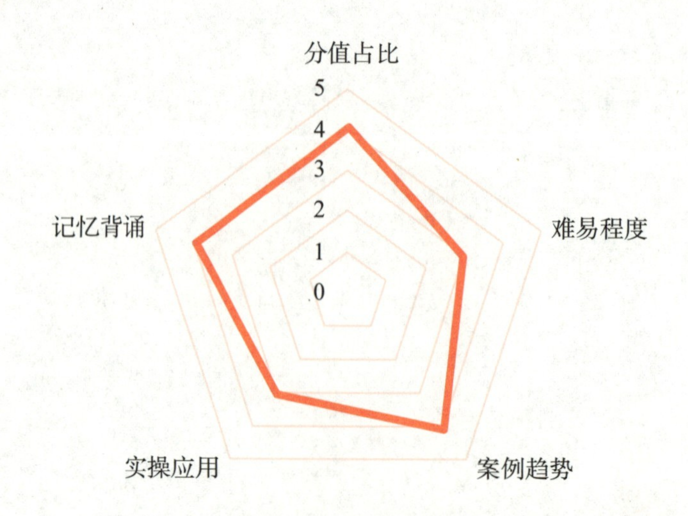

分值占比：★★★★

本专题在每年考试当中的分值大约为29分，占比约18%，属于技术部分中的第二梯队。

难易程度：★★★

考核难度总体属于中等，各结构层施工较为直观，知识体系框架比较清晰。

案例趋势：★★★★

基本上每年考试中五道案例题的第一道为本专题相关内容，学好本专题有利于在考场上形成较好的答题节奏。

实操应用：★★★

道路工程容易结合桥梁、管道工程出现交叉施工类题目，需额外注意，挡土墙施工近几年在案例题中考查较多，并且教材改版后相应内容有所增加，需多留意。

记忆背诵：★★★★

记忆不同施工部位（路基、基层、面层）中的技术要求，安全质量控制指标要求记忆内容较多，可以对比记忆。

考点练习

考点1　道路结构特征★

1.以集散交通功能为主，兼有服务功能的城镇干路网由（　　）组成。

A.快速路、主干路　　B.主干路、次干路

C.快速路、次干路　　D.次干路、支路

【答案】B

【解析】次干路是城市区域性的交通干道，为区域交通集散服务，兼有服务功能，结合主干路组成干路网。

2.适用于各交通等级道路的路面结构类型有（　　）。

A.沥青混凝土路面　　B.沥青贯入式路面

C.沥青表面处治路面　　D.水泥混凝土路面

E.砌块路面

【答案】AD

【解析】沥青路面分为沥青混凝土路面、沥青贯入式路面和沥青表面处治路面，沥青混凝土路面适用于各交通等级道路；沥青贯入式与沥青表面处治路面适用于支路、停车场。水泥混凝土路面适用于各交通等级道路。砌块路面适用于支路、广场、停车场、人行道与步行街。

考点2　路基和路面结构特征★★

1.下列路面基层类别中，属于半刚性基层的有（　　）。

A.级配碎石基层　　B.级配砂砾基层

C.石灰稳定土基层　　D.石灰粉煤灰稳定砂砾基层

E.水泥稳定土基层

【答案】CDE

【解析】无机结合料稳定粒料基层属于半刚性基层，包括石灰稳定土类基层、石灰粉煤灰稳定砂砾基层、石灰粉煤灰钢渣稳定土类基层、水泥稳定土类基层、水泥稳定碎石基层等。级配型材料基层包括级配砂砾基层与级配砾石基层，属于柔性基层。

【考向预测】本题考查的是沥青路面基层材料分类及适用范围。本考点难度不大，考试中多以选择题为主，但需注意的是，刚性材料与柔性材料之间的区分在本科目中具有通用性，一般来说柔性材料相比于刚性材料刚度小，变形量大，材料特性决定了其适用范围。故后续内容中的刚性支撑和柔性支撑，刚性围护结构和柔性围护结构、刚性管道和柔性管道等，其适用范围、施工技术要点及工艺特性均与材料特性有关。

2.路面基层的性能指标包括（　　）。

A.强度　　B.扩散荷载的能力

C.水稳定性　　D.抗滑

E.低噪

【答案】ABC

【解析】基层性能主要指标：（1）应满足结构强度、扩散荷载的能力以及水稳性和抗冻性的要求。（2）不透水性好。底基层顶面宜铺设沥青封层或防水土工织物；为防止地下渗水影响路基，排水基层下应设置由水泥稳定粒料或密级配粒料组成的不透水底基层。D、E选项错误，抗滑能力和噪声量为沥青面层的性能主要指标。

3.特重交通水泥混凝土路面宜选用（　　）基层。

A.水泥稳定粒料　　B.级配粒料

C.沥青混凝土　　D.贫混凝土

E.碾压混凝土

【答案】CDE

【解析】水泥混凝土路面根据道路交通等级和路基抗冲刷能力来选择基层材料。特重交通宜选用贫混凝土、碾压混凝土或沥青混凝土；重交通道路宜选用水泥稳定粒料或沥青稳定碎石；中、轻交通道路宜选择水泥或石灰粉煤灰稳定粒料或级配粒料。湿润和多雨地区，繁重交通路段宜采用排水基层。

4.关于水泥混凝土面层接缝设置的说法，正确的是（　　）。

A.为防止胀缩作用导致裂缝或翘曲，水泥混凝土面层应设有垂直相交的纵向和横向接缝，且相邻接缝

应至少错开500mm以上

B.快速路、主干路的横向胀缝应加设传力杆

C.胀缝设置时，胀缝板宽度设置宜为路面板宽度1/3以上

D.缩缝应垂直板面，采用切缝机施工，宽度应为8～10mm

【答案】B

【解析】A选项错误，为防止胀缩作用导致裂缝或翘曲，水泥混凝土面层应设有垂直相交的纵向和横向接缝，形成一块矩形板。一般相邻的接缝对齐，不错缝。C选项错误，胀缝板宜用厚20mm、水稳定性好、具有一定柔性的板材制作。D选项错误，缩缝应垂直板面，采用切缝机施工，宽度宜为4～6mm。

【考向预测】本题考查的是水泥混凝土路面结构组成特点，其中接缝的设置属于难点，同时也是重点。本题的混淆点在于胀缝、缩缝的宽度区分，杆件的识别。备考策略上，应特别注意胀缝和缩缝的结构识别、所处的位置，以及匹配的杆件名称。

5.关于水泥混凝土面层原材料使用的说法，正确的是（　　）。

A.主干路可采用32.5级的硅酸盐水泥　　B.重交通以上等级道路可采用矿渣水泥

C.碎砾石的最大公称粒径不应大于26.5mm　　D.宜采用细度模数2.0以下的砂

【答案】C

【解析】A、B选项错误，重交通以上等级道路、城市快速路、主干路应采用42.5级及以上的道路硅酸盐水泥或硅酸盐水泥、普通硅酸盐水泥。其他道路可采用矿渣硅酸盐水泥，其强度等级不宜低于32.5级。C选项正确，粗集料应采用质地坚硬、耐久、洁净的碎石、砾石、破碎砾石，技术指标应符合规范要求，粗集料的最大公称粒径，碎砾石不得大于26.5mm，碎石不得大于31.5mm，砾石不宜大于19.0mm；钢纤维混凝土粗集料最大粒径不宜大于19.0mm。D选项错误，宜采用质地坚硬、细度模数在2.5以上、符合级配规定的洁净粗砂、中砂，技术指标应符合规范要求。

考点3　特殊路基处理★★

1.在地基或土体中埋设强度较大的土工聚合物，从而提高地基承载力、改善变形特性的加固处理方法属于（　　）。

A.土的补强　　B.土质改良　　C.置换法　　D.挤密法

【答案】A

【解析】土的补强是采用薄膜、绳网、板桩等约束住路基土，或者在土中放入抗拉强度高的补强材料形成复合路基以加强和改善路基土的剪切特性。

【考向预测】本题考查的是特殊路基处理。本题的混淆点在于土的补强和土的改良，土的改良核心是利用原路基土，而土的补强是在原路基土的基础上加入补强材料，备考策略上，应当掌握特殊路基处理的三种方法，并以此为基础掌握不同背景下特殊土路基具体的处置方法。

2.关于路基处理方法的说法，错误的有（　　）。

A.重锤夯实法适用于饱和黏性土

B.换填法适用于暗沟、暗塘等软弱土的浅层处理

C.真空预压法适用于渗透性极低的泥炭土

D.振冲挤密法适用于处理松砂、粉土、杂填土及湿陷性黄土

E.振冲置换法适用于不排水剪切强度$Cu<20kPa$的软弱土

【答案】ACE

【解析】A选项错误，重锤夯实适用于碎石土、砂土、粉土、低饱和度的黏性土、杂填土等，对饱和黏性土应慎重采用。C选项错误，真空预压法适用于处理饱和软弱土层，对于渗透性极低的泥炭土，必须慎重对待。E选项错误，振冲置换法在不排水剪切强度$Cu<20kPa$时慎用。

3.某城市新建主干路穿过一处淤泥深0.5m的水塘，路基施工时，淤泥处理应优先选用（　　）。

A.强夯法　　B.换填法　　C.排水固结法　　D.堆载预压法

【答案】B

【解析】换土垫层适用于暗沟、暗塘等软弱土的浅层处理，故淤泥应换填。A选项错误，强夯法处理淤泥质土效果较差，C、D选项错误，排水固结及堆载预压工期长。

考点4　城镇道路路基施工技术★★★

1.下列工程项目中，不属于城镇道路路基工程的是（　　）。

A.涵洞　　B.挡土墙　　C.路肩　　D.水泥稳定土基层

【答案】D

【解析】城镇道路路基工程包括路基（路床、路堤）的土（石）方，相关项目的涵洞、挡土墙、路肩、边坡防护、排水边沟、急流槽、各类管线等。

2.关于填土路基施工要点的说法，正确的有（　　）。

A.原地面标高低于设计路基标高时，需要填筑土方

B.土层填筑后，立即采用8t级压路机碾压

C.填筑前，应妥善处理井穴、树根等

D.填方高度应按设计标高增加预沉量值

E.管涵顶面填土300mm以上才能用压路机碾压

【答案】ACD

【解析】B选项错误，填土路基碾压前须检查铺筑土层的宽度、厚度及含水量，合格后即可碾压，碾压“先轻后重”，最后碾压应采用不小于12t级的压路机。E选项错误，填方高度内的管涵顶面填土500mm以上才能用压路机碾压。

3.关于路基试验段的说法，正确的有（　　）。

A.填石路基可不修筑试验段　　B.试验段施工完成后应挖除

C.通过试验段确定路基预沉量值　　D.通过试验段确定每层虚铺厚度

E.通过试验段取得填料强度值

【答案】CD

【解析】A选项错误，填石路基需修筑试验段；B选项错误，试验段施工完成后可保留；E选项错误，填料强度值不是通过试验段取得的，施工前需要对路基进行天然含水量、液限、塑限、标准击实、CBR试验，必要时应做颗粒分析、有机质含量、易溶盐含量、冻胀和膨胀量等试验。

4.填土路基质量检查与验收的主控项目是（　　）。

A.弯沉值　　B.平整度　　C.中线偏位　　D.路基宽度

【答案】A

【解析】填土路基质量检查与验收主控项目为压实度和弯沉值。一般项目包括纵断面高程、中线偏位、平整度、宽度、横坡及路堤边坡。

考点5　城镇道路基层施工★★★

1.下列基层材料中，可作为高等级路面基层的是（　　）。

A.二灰稳定粒料　　B.石灰稳定土

C.石灰粉煤灰稳定土　　D.水泥稳定土

【答案】A

【解析】二灰稳定粒料可用于高级路面的基层与底基层。石灰土已被严格禁止用于高级路面的基层，只能用作高级路面的底基层。水泥土只用作高级路面的底基层。

2.下列路面基层材料中，收缩性最小的是（　　）。

A.石灰稳定土　　B.水泥稳定土

C.二灰稳定土　　D.二灰稳定粒料

【答案】D

【解析】二灰稳定土具有明显的收缩特性，小于水泥土和石灰土，也被禁止用于高等级路面的基层，而只能做底基层。二灰稳定粒料收缩性小于二灰稳定土。

【考向预测】本题考查的是不同无机结合料稳定基层特性，本题的混淆点在于各类无机结合料基层的性能比较，备考策略上，记三个要素，第一是同一类稳定材料，稳定粒料的各方面性能要优于稳定土，第二是水泥类的各方面性能永远优于石灰类，第三是二灰类材料抗冻性、抗收缩性最强。

3.关于水泥稳定砂砾基层施工的说法，正确的有（　　）。

A.运送混合料应覆盖　　B.施工期的最低温度不得低于0℃

C.禁止用薄层贴补的方法进行找平

D.自搅拌至摊铺碾压成型不应超过3h

E.常温下养护不少于7d

【答案】ACDE

【解析】B选项错误，水泥稳定砂砾基层应在春末和夏季组织施工，施工气温应不低于5℃。

4.无机结合料稳定基层的质量检验的主控项目有（　　）。

A.原材料质量

B.压实度

C.厚度

D.弯沉值

E.7d无侧限抗压强度

【答案】ABE

【解析】C、D选项错误，厚度和弯沉值为沥青混合料面层主控项目。

（1）无机结合料稳定基层的质量检验的主控项目包括原材料、压实度、7d无侧限抗压强度。

（2）级配碎石、级配砂砾基层的质量检验的主控项目包括集料质量及级配、压实度、弯沉值。

（3）沥青混合料面层施工质量验收的主控项目包括原材料、压实度、面层厚度、弯沉值。

5.土工格栅用于路堤加筋时，宜优先选用（　　）且强度高的产品。

A.变形小、糙度小

B.变形小、糙度大

C.变形大、糙度小

D.变形大、糙度大

【答案】B

【解析】土工格栅用于路堤加筋时，宜选择强度大、变形小、糙度大的产品。

6.用于路面裂缝防治的土工合成材料应满足的技术要求有（　　）。

A.抗拉强度

B.最大负荷延伸率

C.单位面积质量

D.网孔尺寸

E.搭接长度

【答案】ABCD

【解析】用于裂缝防治的玻纤网和土工织物应分别满足抗拉强度、最大负荷延伸率、网孔尺寸、单位面积质量等技术要求。

7.土工合成材料用于路堤加筋时，应考虑的指标有（　　）强度。

A.抗拉

B.撕破

C.抗压

D.顶破

E.握持

【答案】ABDE

【解析】土工格栅、土工织物、土工网等土工合成材料均可用于路堤加筋，其中土工格栅宜选择强度高、变形小、糙度大的产品。土工合成材料应具有足够的抗拉强度和较高的撕破强度、顶破强度和握持强度等性能。

考点6 沥青类混合料面层施工★★★

1.关于粘层油喷洒部位的说法，正确的有（ ）。

A.沥青混合料上面层与下面层之间

B.沥青混合料下面层与无机结合料基层之间

C.水泥混凝土路面与加铺沥青混合料层之间

D.沥青稳定碎石基层与加铺沥青混合料层之间

E.既有检查井等构筑物与沥青混合料层之间

【答案】ACDE

【解析】B选项错误，沥青混合料下面层与无机结合料基层之间应喷洒透层油。

【考向预测】本题考查的是沥青类混合料面层施工。本题的混淆点在于透层及粘层的应用位置。这里特别要注意，新建道路的半刚性基层和热拌沥青混合料面层之间用透层，而道路改造中旧水泥混凝土路作为基层加铺沥青混合料面层时用粘层。备考策略上，要特别注意透层、粘层位置的识别及道路施工中粘层的应用。

2.两台摊铺机联合摊铺沥青混合料时，两幅之间应有60～80mm的搭接，并应避开（ ）。

A.道路中线

B.车道轮迹带

C.分幅标线

D.车道停车线

【答案】B

【解析】铺筑高等级道路沥青混合料时，1台摊铺机的铺筑宽度不宜超过6m，通常采用2台或多台摊铺机前后错开10～20m呈梯队方式同步摊铺，两幅之间应有30～60mm宽度的搭接，并应避开车道轮迹带，上、下层搭接位置宜错开200mm以上。

3.以粗集料为主的沥青混合料复压宜优先使用（ ）。

A.振动压路机

B.钢轮压路机

C.重型轮胎压路机

D.双轮钢筒式压路机

【答案】A

【解析】以粗集料为主的混合料，宜优先采用振动压路机复压（厚度宜大于30mm），振动频率宜为35～50Hz，振幅宜为0.3～0.8mm。密级配沥青混凝土混合料复压宜优先采用重型轮胎压路机进行碾压，以增加密实性，其总质量不宜小于25t。终压应紧接在复压后进行，宜选用双轮钢筒式压路机，碾压至无明显轮迹为止。

【考向预测】本题考查的是沥青类混合料面层施工。本题的混淆点在于不同类型的热拌沥青混合料在不同的压实阶段应如何选择相应的压实机械。备考策略上，应首先掌握不同类型材料的特征及不同压实阶段的目的，再以此为根据选择对应的压实机械。

4.关于SMA混合料面层施工技术要求的说法，正确的是（ ）。

A.SMA混合料宜采用滚筒式拌合设备生产

B.应采用自动找平方式摊铺，上面层宜采用钢丝绳或导梁引导的高程控制方式找平

C.SMA混合料面层施工温度经试验确定，一般情况下，摊铺温度不低于160℃

D.SMA混合料面层宜采用轮胎压路机碾压

【答案】C

【解析】A选项错误，SMA混合料宜采用间歇式拌合设备生产。B选项错误，摊铺机应采用自动找平方式，中、下面层宜采用钢丝绳或导梁引导的高程控制方式，上面层宜采用非接触式平衡梁。D选项错误，SMA混合料宜采用振动压路机或钢筒式压路机碾压，不应采用轮胎压路机碾压。

5.热拌沥青混合料面层质量检查与验收的主控项目有（　　）。

A.平整度

B.压实度

C.厚度

D.宽度

E.纵断高程

【答案】BC

【解析】沥青混合料面层施工质量验收主控项目：原材料、压实度、面层厚度、弯沉值。一般项目：平整度、宽度、横坡、井框与路面的高差、抗滑、纵断高程、中线偏位。

考点7　水泥混凝土路面施工★★★

1.关于混凝土路面模板安装的说法，正确的是（　　）。

A.使用轨道摊铺机浇筑混凝土时应使用专用钢制轨模

B.为保证模板的稳固性，应在基层挖槽嵌入模板

C.钢模板应顺直、平整，每2m设置1处支撑装置

D.支模前应核对路基平整度

【答案】A

【解析】B选项错误，严禁在基层上挖槽嵌入模板。C选项错误，钢模板应顺直、平整，每1m设置1处支撑装置。D选项错误，支模前应核对路面标高、面板分块、胀缝和构造物位置。

2.用滑模摊铺机摊铺混凝土路面，当混凝土坍落度小时，应采用（　　）的方式摊铺。

A.高频振动、低速度

B.高频振动、高速度

C.低频振动、低速度

D.低频振动、高速度

【答案】A

【解析】混凝土坍落度小，应用高频振动、低速度摊铺；混凝土坍落度大，应用低频振动、高速度摊铺。

3.关于水泥混凝土路面施工的说法，错误的是（　　）。

A.模板的选择应与施工方式相匹配

B.摊铺厚度应符合不同的施工方式

C.常温下应在下层养护3d后方可摊铺上层材料

D.运输车辆要有防止混合料漏浆和离析的措施

【答案】C

【解析】C选项错误，水泥混凝土路面应养护到设计弯拉强度80%以上。一般宜为14～21d，应特别注意前7d的保湿（温）养护。

4.关于普通混凝土路面胀缝施工技术要求，错误的是（　　）。

A.胀缝应与路面中心线垂直　　B.缝壁必须垂直

C.缝宽必须一致，缝中不得连浆　　D.缝上部安装缝板和传力杆

【答案】D

【解析】D选项错误，胀缝应与路面中心线垂直，缝壁必须垂直，缝宽必须一致，缝中不得连浆。缝上部灌填缝料，下部安装胀缝板和传力杆。

考点8　砌块路面施工★★

1.关于天然石材路面施工的说法，错误的有（　　）。

A.铺砌应采用干硬性水泥砂浆，虚铺系数应经试验确定

B.铺砌直线控制基线的设置距离段宜为5～10m

C.采用水泥混凝土做基层时，铺砌面层胀缝应与基层胀缝错开

D.应在料石下填塞砂浆找平

E.铺砌面层完成后，必须封闭交通，并应湿润养护，当水泥砂浆达到设计强度后，方可开放交通

【答案】CD

【解析】C选项错误，采用水泥混凝土做基层时，铺砌面层胀缝应与基层胀缝对齐。D选项错误，不得用在料石下填塞砂浆或支垫方法找平。

2.方砖步道的曲线段道板砖铺砌，可采用（　　）。

A.斜铺法　　B.直铺法

C.满铺法　　D.扇形铺砌法

E.点铺法

【答案】BD

【解析】方砖步道的曲线段道板砖铺砌，可采用直铺法和扇形铺砌法。

考点9　道路附属构筑物施工★★

1.关于路缘石施工要点的说法，错误的是（　　）。

A.隔离带端部等曲线段路缘石，宜按设计弧形加工预制

B.路缘石应采用预拌干硬性砂浆铺砌，砂浆应饱满、厚度均匀

C.平石宜从雨水口两侧开始铺设，在雨水口位置进行收口

D.路缘石宜采用M10水泥砂浆灌缝，灌缝后，常温期养护不应少于3d

【答案】C

【解析】C选项错误，平石宜从雨水口两侧开始铺设，不得在雨水口位置进行收口。

2.关于检查井处理施工的说法，正确的有（　　）。

A.车行道上的检查井井盖宜采用承载能力D级400kN及以上等级的可调式防沉降检查井盖，井盖可插入井座深度宜为150mm

B.检查井井室周边应做好防沉降处理，可在道路结构层以下设置钢筋混凝土承载板

C.井盖座的底标高应根据路面厚度、井盖可调高度确定

D.井盖座应采用高强度灌浆料灌注固定，井盖闭合方向与车行方向相反

E.对于沥青混合料下、中面层需临时开放交通的，应综合考虑临时开放交通、完工状况的井盖可调范围

【答案】ABCE

【解析】D选项错误，井盖座应采用高强度灌浆料灌注固定，井盖闭合方向与车行方向一致。

考点10　挡土墙结构形式及分类★★

1.主要依靠底板上的填土重量维持挡土构筑物稳定的挡土墙有（　　）。

A.重力式挡土墙　　B.悬臂式挡土墙

C.扶壁式挡土墙　　D.锚杆式挡土墙

E.加筋土挡土墙

【答案】BC

【解析】悬臂式和扶壁式挡土墙依靠底板上的填土重量维持挡土构筑物的稳定。

2.利用立柱、挡板挡土，依靠填土本身、拉杆及固定在可靠地基上的锚锭块维持整体稳定的挡土建筑物是（　　）。

A.扶壁式挡土墙　　B.带卸荷板的柱板式挡土墙

C.锚杆式挡土墙　　D.自立式挡土墙

【答案】D

【解析】自立式挡土墙是利用板桩挡土，依靠填土本身、拉杆及固定在可靠地基上的锚锭块维持整体稳定的挡土建筑物。

3.关于加筋土挡土墙结构特点的说法，错误的是（　　）。

A.填土、拉筋、面板结合成柔性结构　　B.依靠挡土面板的自重抵挡土压力作用

C.能适应较大变形，可用于软弱地基　　D.构件可定型预制，现场拼装

【答案】B

【解析】B选项错误，加筋土挡土墙是利用较薄的墙身结构挡土，依靠墙后布置的土工合成材料减少土压力以维持稳定的挡土建筑物。

4.当刚性挡土墙受外力向填土一侧移动，墙后土体向上挤出隆起，这时挡土墙承受的压力被称为（　　）。

A.主动土压力　　B.静止土压力

C.被动土压力　　D.隆起土压力

【答案】C

【解析】若刚性挡土墙在外力作用下，向填土一侧移动，这时作用在墙上的土压力将由静止压力逐渐增大，当墙后土体达到极限平衡，土体开始剪裂，出现连续滑动面，墙后土体向上挤出隆起，这时土压力增大到最大值，称为被动土压力。

考点11　挡土墙施工技术★★★

1.现浇（钢筋）混凝土挡土墙施工时，当墙身混凝土抗压强度≥（　　）MPa，可拆除墙身模板，拆除模板后对混凝土墙身及时进行养护。

A.1　　B.5　　C.2　　D.2.5

【答案】D

【解析】现浇（钢筋）混凝土挡土墙施工时，当墙身混凝土抗压强度≥2.5MPa，可拆除墙身模板，拆除模板后对混凝土墙身及时进行养护。

2.现浇（钢筋）混凝土挡土墙施工采用片石混凝土时，下列说法中，正确的有（　　）。

A.采用片石混凝土时，可在混凝土中掺入不多于该结构体积10%的片石

B.片石应质地坚硬、密实、无裂纹、无风化，厚度为150～300mm，使用前应清洗干净并饱和吸水

C.片石随混凝土浇筑分层摆放，净距≥150mm，距结构边缘≥150mm，不触及构造钢筋和预埋件

D.混凝土采用分层浇筑方式，每层厚度≤500mm，分层振捣，边振捣边加片石，片石埋入混凝土1/2

E.严禁采用机械将片石倾倒在混凝土浇筑面上，使用料斗将片石吊运至作业面，然后人工均匀摆放栽砌

【答案】BCE

【解析】A选项错误，采用片石混凝土时，可在混凝土中掺入不多于该结构体积20%的片石。D选项错误，混凝土采用分层浇筑方式，每层厚度≤300mm，分层振捣，边振捣边加片石，片石埋入混凝土1/2。

考点12　城镇道路工程安全技术要点★★

1.城镇道路工程施工中，关于管线及邻近建（构）筑物的保护的说法，正确的有（　　）。

A.施工前应先对管线进行详探，可通过机械开挖探沟，找出地下管线

B.道路结构以上的管线应先行施工

C.在工程开工前，应取得施工现场地勘、气象、水文观测资料，相关设施管理单位应向施工、监理单位的有关技术管理人员进行详细交底

D.作业中可能对施工范围内的原地下管线及建（构）筑物造成破坏时，应采取加固或迁移措施

E.在受保护建筑的合适地方设置沉降、位移观察点，根据工程情况进行建筑物的沉降、位移观察，如果有异常情况，则应暂停施工

【答案】CDE

【解析】A选项错误，施工前应先对管线进行详探，可通过人工开挖探沟，找出地下管线。B选项错误，道路结构以下的管线应先行施工。

2.道路施工采用机械施工时，关于安全控制要点的说法，错误的是（　　）。

A.机械作业应设专人指挥，挖掘过程中，指挥人员应随时检查挖掘面和机械周围环境状况，与机械操作工密切配合，确保安全

B.机械运转时，施工人员与机械应保持安全距离，不得站在驾驶员视线盲区

C.非操作人员不得进入机械驾驶室，不得触碰机械传动机构

D.挖掘机等机械在电力架空线路下作业时应保持安全距离

【答案】D

【解析】D选项错误，严禁挖掘机等机械在电力架空线路下作业。

考点13　城镇道路工程质量控制要点★★

1.道路各层施工前应根据工程特点选定试验路段，以确定（　　）等。

A.机械组合　　B.压实机械规格

C.松铺厚度　　D.碾压遍数

E.材料质量

【答案】ABCD

【解析】道路各层施工前应根据工程特点选定试验路段，以确定机械组合、压实机械规格、松铺厚度、碾压遍数、碾压速度等。

【考向预测】本题考查的是城镇道路工程质量控制要点。本题的混淆点在于不同道路结构层试验段的目的，备考时，注意该考点的通用性，例如压实机械、压实遍数、松铺厚度等。

2.土方路基修筑前应在取土地点取样进行击实试验，确定（　　）和（　　）。

A.最佳含水量　　B.预沉量值

C.最大干密度　　D.松铺厚度

E.压实机械

【答案】AC

【解析】土方路基修筑前应在取土地点取样进行击实试验，确定其最佳含水量和最大干密度。B、D、E选项错误，预沉量值、松铺厚度、压实机械是通过试验段确定。

3.城镇道路工程拌合与运输质量控制中，城镇道路使用的混合料宜采用（　　）搅拌机。

A.强制式　　B.间歇式　　C.灰土式　　D.滚筒式

【答案】A

【解析】城镇道路使用的混合料宜采用厂拌或集中拌制，宜采用强制式搅拌机，且计量准确、拌合均匀，并根据原材料的含水率变化及时调整拌合用水量。

4.路基应分层填筑，每层最大压实厚度宜不大于（　　）mm，顶面最后一层压实厚度应不小于100mm。

A.150　　B.200　　C.250　　D.300

【答案】D

【解析】路基应分层填筑，每层最大压实厚度宜不大于300mm，顶面最后一层压实厚度应不小于100mm。

【考向预测】本题考查的是城镇道路工程质量控制要点。本题的混淆点在于道路不同结构层的压实厚度要求，备考策略上，以道路结构为骨架，填方路基、无机结合料稳定基层和热拌沥青混合料面层，压实度从下至上依次是300mm、200mm、100mm。

考点14　城镇道路工程季节性施工措施★★★

1.热拌改性沥青混合料施工环境温度不应低于（　　）℃。

A.25　　B.15　　C.10　　D.5

【答案】C

【解析】热拌改性沥青混合料施工环境温度不应低于10℃。

2.水泥稳定粒料基层应在进入冬期前（　　）天完成施工。

A.15～30　　B.30～45　　C.20～30　　D.25～30

【答案】A

【解析】石灰及石灰粉煤灰稳定土（粒料、钢渣）类基层，宜在进入冬期前30～45d停止施工，不应在冬期施工；水泥稳定土（粒料）类基层，宜在进入冬期前15～30d停止施工。当上述材料养护期进入冬期时，应在基层施工时向基层材料中掺入防冻剂。

3.关于冬期施工质量控制要求的说法，错误的是（　　）。

A.粘层、透层、封层严禁冬期施工

B.养护期混凝土面层最低温度不应低于5℃

C.水泥混凝土拌合料可加防冻剂、缓凝剂，搅拌时间适当延长

D.水泥混凝土板弯拉强度低于1MPa或抗压强度低于5MPa时，不得受冻

【答案】C

【解析】水泥混凝土拌合料中不得使用带有冰雪的砂、石料，可加防冻剂、早强剂，搅拌时间适当延长。

专题练习

【案例1】

某公司中标北方城市道路工程，道路全长1000m，道路结构与地下管线布置如图1-1所示。

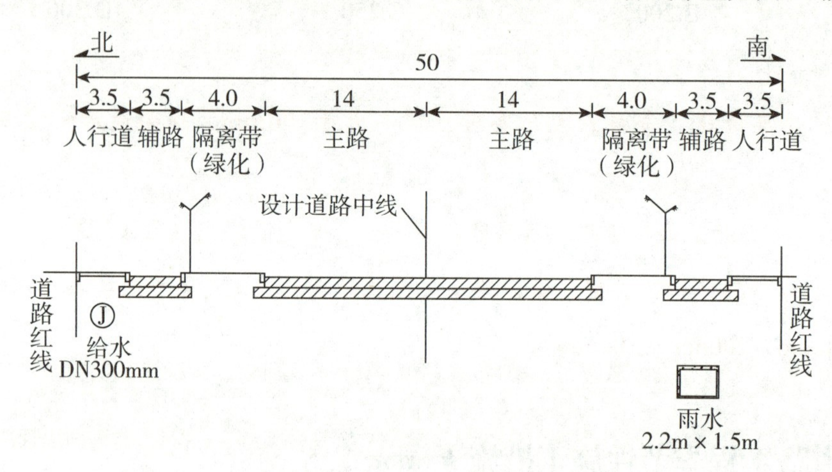

图1-1 道路结构与地下管线布置示意图（单位：m）

施工场地位于农田，邻近城市绿地，土层以砂性粉土为主，不考虑施工降水。

雨水方沟内断面为2.2m × 1.5m，采用钢筋混凝土结构，壁厚度为200mm；底板下混凝土垫层厚为100mm。雨水方沟位于南侧辅路下，排水方向为由东向西，东端沟内底高程为-5.0m（地表高程 ± 0.0m），流水坡度为1.5‰。给水管道位于北侧人行道下，覆土深度为1m。

项目部对①辅路、②主路、③给水管道、④雨水方沟、⑤两侧人行道及隔离带（绿化）做了施工部署，依据各种管道高程以及平面位置对工程的施工顺序作了总体安排。

施工过程发生如下事件：

事件一：部分主线路基施工突遇大雨，未能及时碾压，造成路床积水、土料过湿，影响施工进度。

事件二：为加快施工进度，项目部将沟槽开挖出的土方在现场占用城市绿地存放，以备回填，方案审查时被纠正。

【问题】

1.列式计算雨水方沟东、西两端沟槽的开挖深度。

2.用背景资料中提供的序号表示本工程的总体施工顺序。

3.针对事件一写出部分路基雨后土基压实的处理措施。

4.事件二中现场占用城市绿地存土方案为何被纠正？请给出正确做法。

答题区

参考答案

1.东侧开挖深度：5.0+0.2+0.1=5.3（m）；西侧开挖深度：5.3+1000×0.0015=6.8（m）。

2.施工顺序为：④→③→②→①→⑤。先地下后地上，先施工地下的附属构筑物及管线，按照先深后浅顺序，先雨水方沟，后给水管；地上先主路后辅路施工，最后是人行道及隔离带。

【考向预测】本题考查的是路基施工的特点与程序，先地下后地上，同在地下先深后浅的原则具有通用性，备考过程中，要求考生不仅能记忆该基本原则，并且能结合案例背景信息对工程施工整体部署进行排序。

3.（1）做好路基排水，排除积水；（2）过湿土料，采用晾晒、掺拌石灰处理，降低含水率；（3）因雨翻浆地段，换料重做。

4.任何单位和个人都不得擅自占用城市绿化用地。正确做法：因建设需要占用城市绿地，须经城市人民政府绿化行政主管部门同意，并按照有关规定办理临时用地手续。占用之后应限期归还并恢复原貌。

【案例2】

某公司承建城市道路改扩建工程，工程内容包括：（1）在原有道路两侧各增设隔离带、非机动车道及人行道。（2）在北侧非机动车道下新增一条长800m直径为DN500mm的雨水主管道，雨水口连接支管直径为DN300mm，管材均采用HDPE双壁波纹管，胶圈柔性接口；主管道两端接入现状检查井，管底埋深为4m，雨水口连接管位于道路基层内。（3）在原有机动车道上加铺50mm改性沥青混凝土上面层，道路横断面布置如图1-2所示。

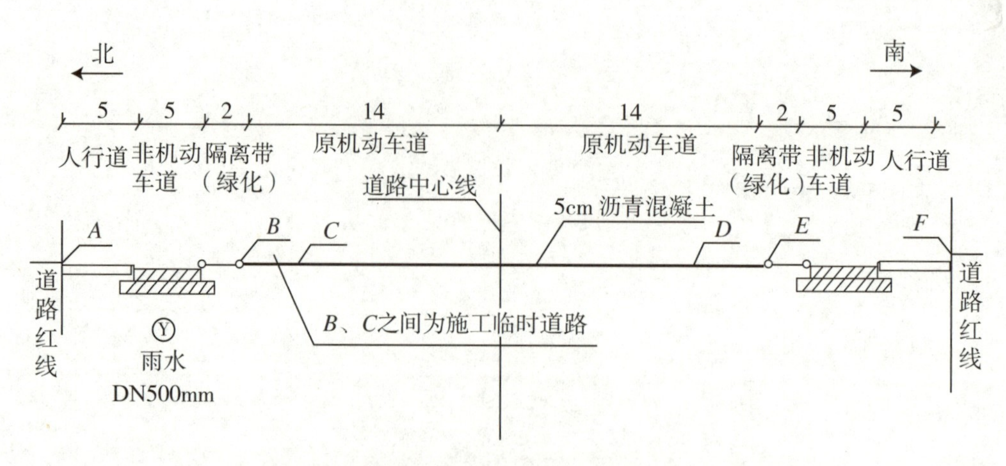

图1-2　道路横断面布置示意图（单位：m）

施工范围内土质以硬塑粉质黏土为主，土质均匀，无地下水。

项目部编制的施工组织设计将工程项目划分为三个施工阶段：第一阶段为雨水主管道施工；第二阶段为两侧隔离带、非机动车道、人行道施工；第三阶段为原机动车道加铺沥青混凝土面层。同时编制了各施工阶段的施工技术方案，内容有：

（1）为确保道路正常通行及文明施工要求，根据三个施工阶段的施工特点，在图1-2中*A*、*B*、*C*、*D*、*E*、*F*所示的6个节点上分别设置各施工阶段的施工围挡。

（2）主管道沟槽开挖由东向西按井段逐段进行，拟定的槽底宽度为1600mm、南北两侧的边坡坡度分别为1：0.50和1：0.67，采用机械挖土，人工清底；回用土存放在沟槽北侧，南侧设置管材存放区，弃土运至指定存土场地。

（3）原机动车道加铺改性沥青路面施工，安排在两侧非机动车道施工完成并导入社会交通后，整幅分段施工。加铺前对旧机动车道面层进行铣刨、裂缝处理、井盖高度提升、清扫、喷洒（刷）粘层油等准备工作。

【问题】

1.本工程雨水口连接支管施工应有哪些技术要求？

2.用图1-2中所示的节点代号，分别写出三个施工阶段设置围挡的区间。

3.写出确定主管道沟槽底开挖宽度及两侧槽壁放坡坡度的依据。

4.现场土方存放与运输时应采取哪些环保措施？

5.加铺改性沥青面层施工时，应在哪些部位喷洒（刷）粘层油？

答题区

参考答案

1.雨水支管与雨水口四周回填应密实。处于道路基层内的雨水支管应做360° 混凝土包封，且在包封混凝土达到设计强度75%前不得放行交通。

2.第一阶段*A*—*C*；第二阶段*A*—*C*和*D*—*F*；第三阶段*B*—*E*。

3.确定沟槽开挖宽度主要的依据是管道外径、管道侧的工作面宽度、管道一侧的支撑厚度。其计算公式为：$B=D+2\times(b_1+b_2+b_3)$。

其中：B——管道沟槽底部的开挖宽度（mm）；

D_0——管外径（mm）；

b_1——管道一侧的工作面宽度（mm）；

b_2——有支撑要求时，管道一侧的支撑厚度，可取150～200mm；

b_3——现场浇筑混凝土或钢筋混凝土管渠一侧模板厚度（mm）。

确定沟槽坡度的主要依据是土体的类别、地下水位、沟槽开挖深度、坡顶荷载情况等。

4.（1）土方外弃选择风力较小天气，并洒水降尘。

（2）采用密闭车辆或覆盖，不得装载过满，避免遗撒。

（3）现场出入口应设置洗车池，保证车辆清洁。

（4）安排专人清扫外运路线道路。

5.应喷洒（刷）粘层油的部位：原机动车道表面，既有结构、路缘石、检查井等构筑物与沥青混合料层连接面，铣刨后的混凝土路面面层表面。

【案例3】

某公司承接一项城镇主干道新建工程，全长1.8km，勘察报告显示K0+680～K0+920为暗塘，其他路段为杂填土且地下水丰富。设计单位对暗塘段采用水泥土搅拌桩方式进行处理，杂填土段采用改良土换填的方式进行处理。全路段土路基与基层之间设置一层200mm厚级配碎石垫层，部分路段垫层顶面铺设一层土工格栅，K0+680、K0+920处地基处理横断面如图1-3所示。

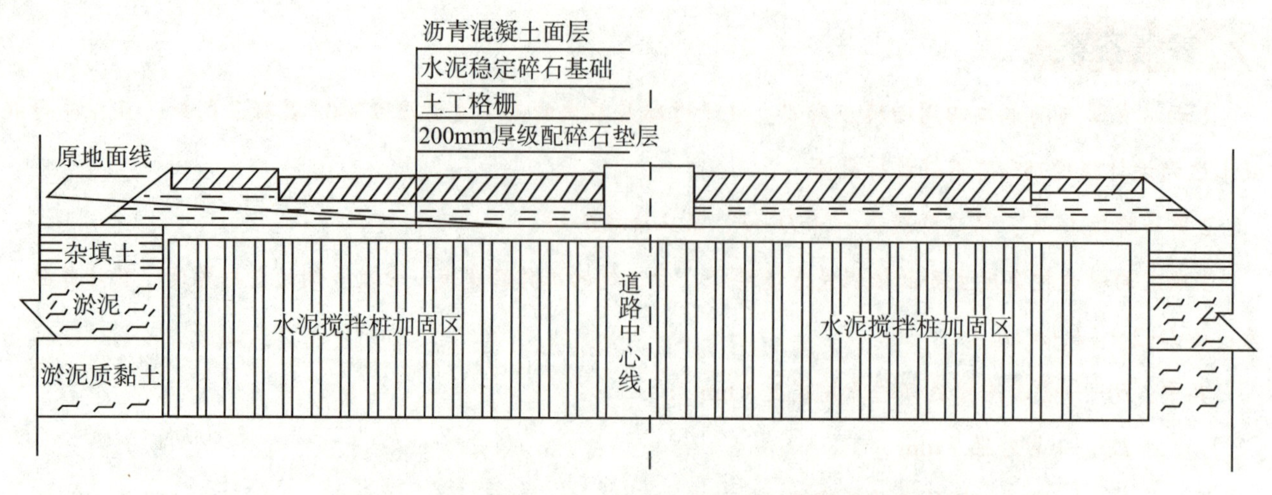

图1-3　K0+680、K0+920处地基处理横断面示意图

项目部确定水泥掺量等各项施工参数后进行水泥搅拌桩施工，质检部门在施工完成后进行了单桩承载力、水泥用量等项目的质量检验。

垫层验收完成，项目部铺设固定土工格栅和摊铺水泥稳定碎石基层，采用重型压路机进行碾压，养护3天后进行下一道工序施工。

【问题】

1.土工格栅应设置在哪些路段的垫层顶面？请说明其作用。

2.水泥搅拌桩在施工前采用何种方式确定水泥掺量。

3.补充水泥搅拌桩地基质量检验的主控项目。

4.改正水泥稳定碎石基层施工中的错误之处。

答题区

参考答案

1.（1）土工格栅设置位置：①暗塘段；②暗塘段与杂填土段衔接处。

（2）作用：①提高暗塘段路堤稳定性；②减少暗塘段与杂填土段衔接处不均匀变形（沉降）；③减少路基应力不足或不均衡导致基层开裂，引起面层反射裂缝。

【考向预测】本题考查的是土工合成材料的应用。本题的难点在于将土工合成材料应用范围与具体的实践相结合，备考过程中，首先应当深刻理解土工合成材料在工程上应用的原理，理解并记忆，做题过程中依据案例背景信息，根据不同路段的特性判断土工合成材料的具体应用方法。

2.应根据成桩试验或成熟的工程经验确定，并应满足相关规范规定和设计要求。

3.主控项目：复合地基承载力、搅拌叶回转直径、桩长、桩身强度。

4.错误1：摊铺水泥稳定碎石基层，采用重型压路机进行碾压。

正确做法：宜采用12～18吨压路机初步稳定碾压，然后用大于18吨的压路机碾压，压至相应的压实度，且表面平整、无明显轮迹。

错误2：养护3天后进行下一道工序施工。

正确做法：常温下成活后应不小于7d养护，经质量检验合格后，方可进行下一道工序施工。

【案例4】

甲公司中标某城镇道路工程，设计道路等级为城市主干路，全长560m。横断面型式为三幅路，机动车道为双向六车道。路面面层结构设计采用沥青混凝土，上面层为厚40mmSMA-13，中面层为厚60mmAC-20，下面层为厚80mmAC-25。

施工过程中发生如下事件：

事件一：甲公司将路面工程施工项目分包给具有相应资质的乙公司施工。建设单位发现后立即制止了甲公司的行为。

事件二：路基范围内有一处干涸池塘，甲公司将原始地貌杂草清理后，在挖方段取土一次性将池塘填平并碾压成型，监理工程师发现后责令甲公司返工处理。

事件三：甲公司编制的沥青混凝土施工方案包括以下要点：

（1）上面层摊铺分左、右幅施工，每幅摊铺采用一次成型的施工方案，2台摊铺机呈梯队方式推进，并保持摊铺机组前后错开40～50m距离。

（2）上面层碾压时，初压采用振动压路机，复压采用轮胎压路机，终压采用双轮钢筒式压路机。

（3）该工程属于城市主干路，沥青混凝土面层碾压结束后需要快速开放交通，终压完成后拟洒水加快路面的降温速度。

事件四：确定了路面施工质量检验的主控项目及检验方法。

【问题】

1.事件一中，建设单位制止甲公司分包的行为是否正确？请说明理由。

2.指出事件二中的不妥之处，并说明理由。

3.指出事件三中的错误之处，并改正。

4.写出事件四中沥青混凝土路面面层施工质量检验的主控项目（原材料除外）及检验方法。

答题区

参考答案

1.正确。理由：路面工程为道路工程的主体结构，必须由甲单位施工，不得分包。

2.“甲公司将原始地貌杂草清理后，在挖方段取土一次性将池塘填平并碾压成型”做法不妥。

理由：（1）甲公司清除杂草后，还应挖除池塘淤泥、腐殖土等不良质土；

（2）挖方段挖出土方应进行检查，符合路基填筑要求后方可使用；

（3）一次性填平不妥，需分层填筑和压实到原基面高。

【考向预测】本题考查的是城镇道路路基施工技术。本题具有很强的代表性，在备考过程中，无论是路基填方，还是基坑、管道沟槽回填等，回填材料在使用前都应当检查验收，在回填过程中均应当分层回填分层压实。

3.错误1：上面层摊铺分左、右幅施工。

正确做法：主干路表面层宜采用多机全幅摊铺。

错误2：摊铺机前后错开40～50m。

正确做法：前后错开10～20m呈梯队方式同步摊铺。

错误3：复压采用轮胎压路机。

正确做法：复压应采用振动压路机或钢筒（轮）式压路机。

错误4：洒水加快路面降温速度。

正确做法：应自然降温至低于50℃后，方可开放交通。

4.（1）压实度。检验方法：查试验记录。

（2）厚度。检验方法：钻孔或刨挖，用钢尺量。

（3）弯沉值。检验方法：弯沉仪检测。

【案例5】

某城镇道路局部为路堑路段，两侧采用浆砌块石重力式挡土墙护坡，挡土墙高出路面约3.5m，顶部宽度为0.6m，底部宽度为1.5m，基础埋深0.85m，如图1-4所示。

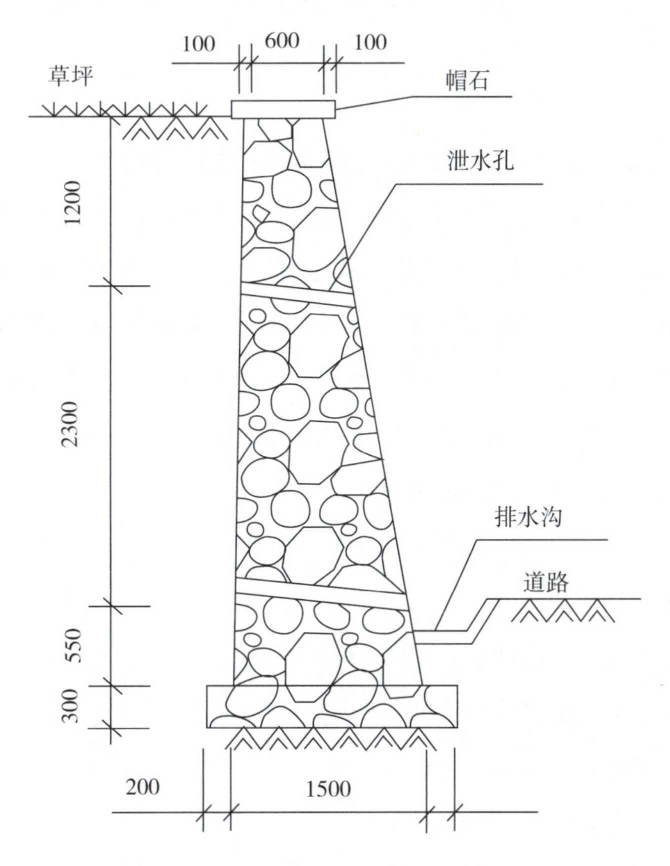

图1-4　原浆砌块石挡土墙（单位：mm）

在夏季连续多日降雨后，该路段一侧约20m挡土墙突然坍塌，该侧行人和非机动车无法正常通行。

调查发现，该段挡土墙坍塌前顶部荷载无明显变化，坍塌后基础未见不均匀沉降，墙体块石砌筑砂浆饱满粘结牢固，后背填土为杂填土，查见泄水孔淤塞不畅。

为恢复正常交通秩序，保证交通安全，相关部门决定在原位置重建现浇钢筋混凝土重力式挡土墙，如图1-5所示。

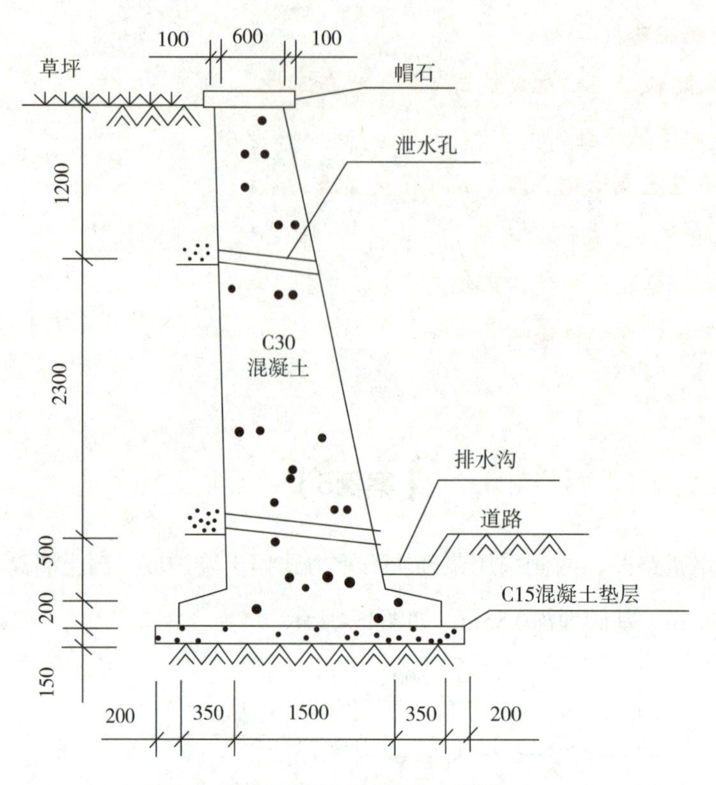

图1–5　新建混凝土挡土墙（单位：mm）

施工单位编制了钢筋混凝土重力式挡土墙混凝土浇筑施工方案，其中包括：提前与商品混凝土厂沟通混凝土强度、方量及到场时间；第一车混凝土到场后立即开始浇筑；按每层600mm水平分层浇筑混凝土，下层混凝土初凝前进行上层混凝土浇筑；新旧挡土墙连接处增加钢筋使两者紧密连接；如果发生交通拥堵导致混凝土运输时间过长，可适量加水调整混凝土和易性；提前了解天气预报并准备雨季施工措施等内容。

施工单位在挡土墙排水方面拟采取以下措施：在边坡潜在滑塌区外侧设置截水沟；挡土墙内每层泄水孔上下对齐布置；挡土墙后背回填黏土并压实等措施。

【问题】

1.从受力角度分析挡土墙坍塌的原因。

2.写出混凝土重力式挡土墙的钢筋设置位置和结构形式特点。

3.写出混凝土浇筑前钢筋验收除钢筋三种规格外应检查的内容。

4.改正混凝土浇筑方案中存在的错误之处。

5.改正挡土墙排水设计中存在的错误之处。

答题区

参考答案

1.原因之一：因为连续降雨，排水孔淤塞导致水土压力增大。

原因之二：回填土为杂填土，自身抗剪强度低，承载力低，遇水容易产生湿陷性。

原因之三：浆砌块石重力式挡土墙结构自身重力不够，稳定性过差，从而引起挡土墙与基底间摩擦力过小。

【考向预测】本题考查的是挡土墙的结构受力。本题具有很强的代表性，难点在于结合案例背景分析挡土墙坍塌原因，对于这类题目，一般题干或背景中都会给出相应提示，要从案例背景中找这个题目的题眼，本题中，后背填土为杂填土，查见泄水孔淤塞不畅，就是该题的题眼，在作答时应着重从这两个角度回答。

2.钢筋设置在墙趾、墙背位置。

结构特点：

（1）依靠墙体自重抵挡土压力作用；

（2）在墙背少量配筋，并将墙趾展宽（必要时设少量钢筋）或基底设凸榫抵抗滑动；

（3）可减薄墙体厚度，节省混凝土用量。

3.钢筋的安装位置、数量、连接方式、接头位置、接头数量、接头面积百分率、保护层厚度等。（任意4条）

4.错误1：第一车混凝土到场后立即开始浇筑。

正确做法：应先对混凝土的坍落度、配合比等进行验收，合格后浇筑。

错误2：按每层600mm水平分层浇筑混凝土。

正确做法：浇筑混凝土应水平分层浇筑，分层振捣密实，分层厚度不超过300mm。

错误3：新旧挡土墙连接处增加钢筋使两者紧密连接。

正确做法：新旧挡土墙连接处设置变型缝（沉降缝）。

错误4：适量加水调整混凝土和易性。

正确做法：混凝土在运输过程中不允许加水，应掺加减水剂或同配比水泥浆搅拌均匀，或者返场二次搅拌。

5.错误1：每层泄水孔上下对齐布置。

正确做法：上下层泄水孔应错开（散开/梅花型/错缝等）布置。

错误2：挡土墙后背回填黏土。

正确做法：墙背填土应采用透水性材料。

【案例6】

某项目部承接一项河道整治项目，其中一段景观挡土墙，长为50m，连接既有景观挡土墙。该项目平均分5个施工段施工，端缝为20mm，第一施工段临河侧需沉6根基础桩，基础方桩按梅花型布置（如图1-6所示）。围堰与沉桩工程同时开工，再进行挡土墙施工，最后完成新建路面施工与栏杆安装。

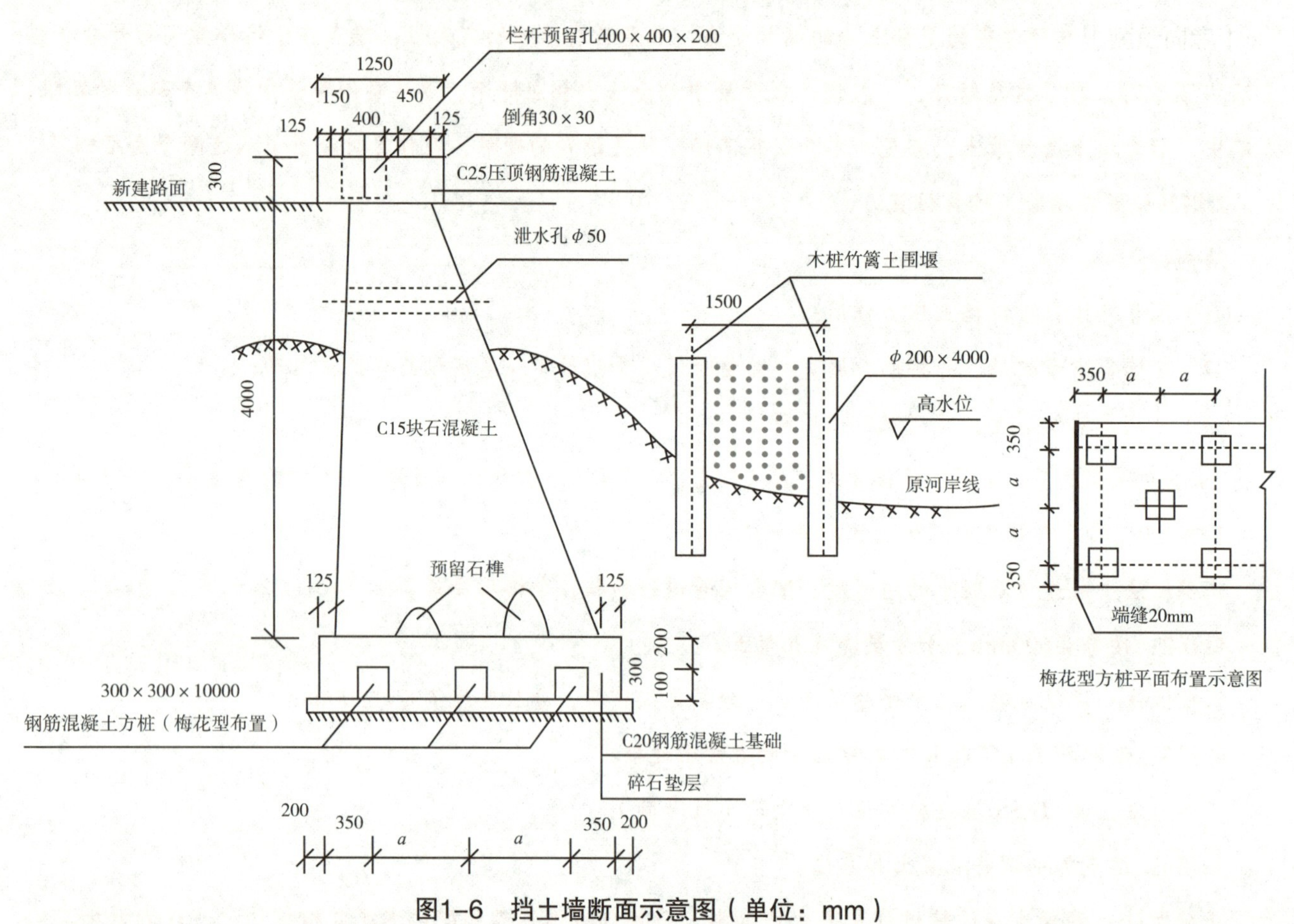

图1-6　挡土墙断面示意图（单位：mm）

项目部根据方案使用柴油锤击桩，遭附近居民投诉，监理随即叫停，要求更换沉桩方式。完工后，进行挡土墙施工，挡土墙施工工序有：机械挖土、A、碎石垫层、基础模板、B、浇筑混凝土、立墙身模板、浇筑墙体、压顶。压顶采用一次性施工。

【问题】

1.根据图1-6所示，该挡土墙结构形式属哪种类型？端缝属哪种类型？

2.计算a的数值与第一段挡土墙基础方桩的根数。

3.监理叫停施工是否合理？柴油锤沉桩有哪些原因会影响居民？可以更换哪几种沉桩方式？

4.根据背景资料，正确写出A、B工序的名称。

答题区

参考答案

1.（1）属于重力式（自重式）挡土墙。

（2）端缝属于结构变形缝（沉降缝）。

2.（1）数值a的计算如下：

50m均分为5段，每段长10m；$5\times 2a+2\times 0.35=10$，得$a=0.93$（m），即$a=930$（mm）。

（2）方桩根数=6+6+5=17（根）。

【考向预测】本题考查的是挡土墙施工技术。本题的难点在挡土墙基础方桩数量的计算，关键是需要考生能将案例背景信息、挡土墙断面示意图、平面布置示意图三者结合在一起，建立3D空间模型，以此为基础进行数量计算。做题过程中，需要整合案例背景信息，在草稿纸上进行演练并多次重复推导并验证自己的理解是否符合案例背景信息。

3.（1）合理。

（2）柴油锤沉桩噪声大、振动大、有气体污染，会影响居民。

（3）可以更换为静力压桩、振动沉桩、钻孔埋桩及射水沉桩。

4.A是地基处理（桩头处理）及验收；B是基础钢筋施工。

专题二 桥梁工程

导图框架

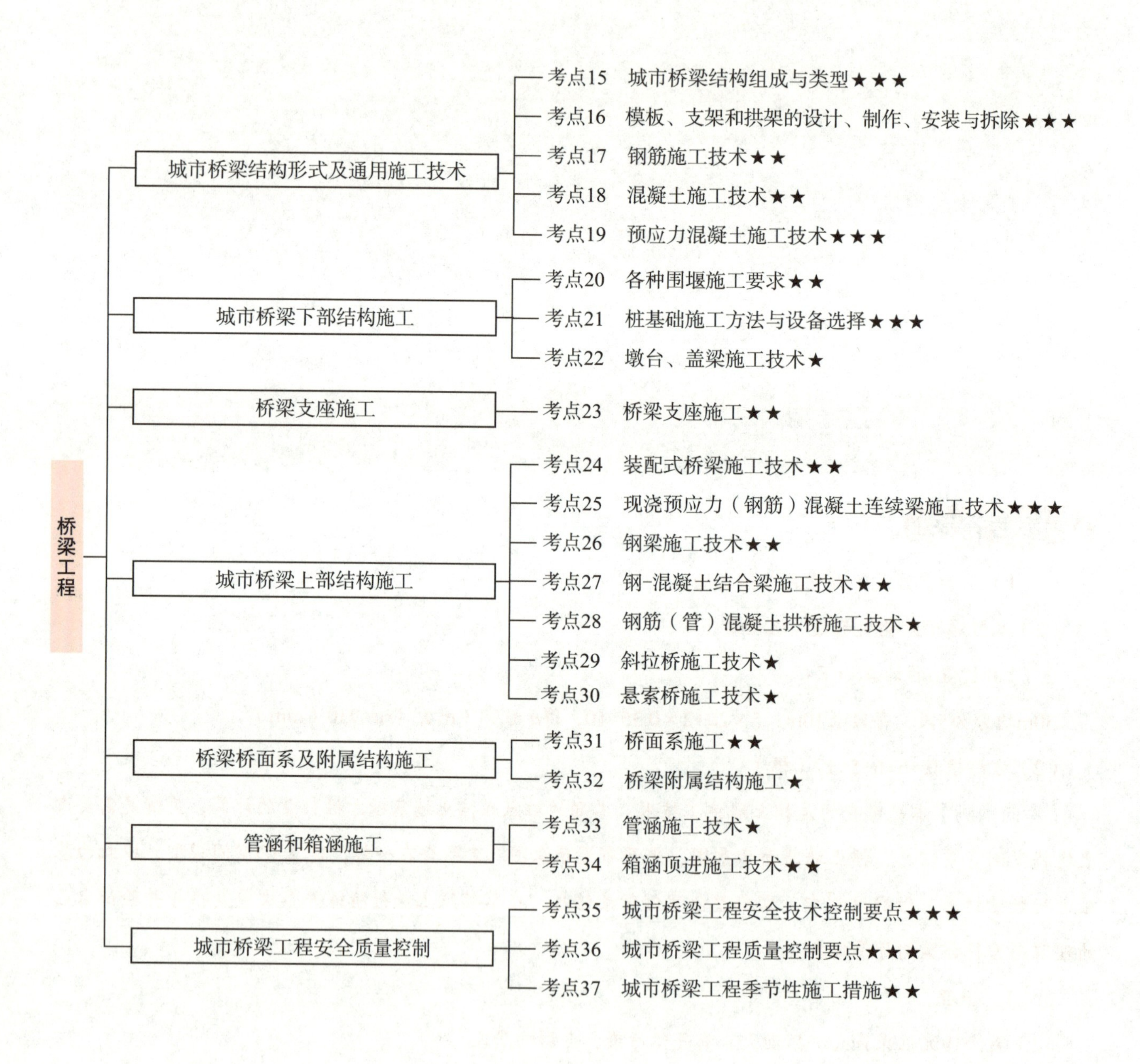

专题雷达图

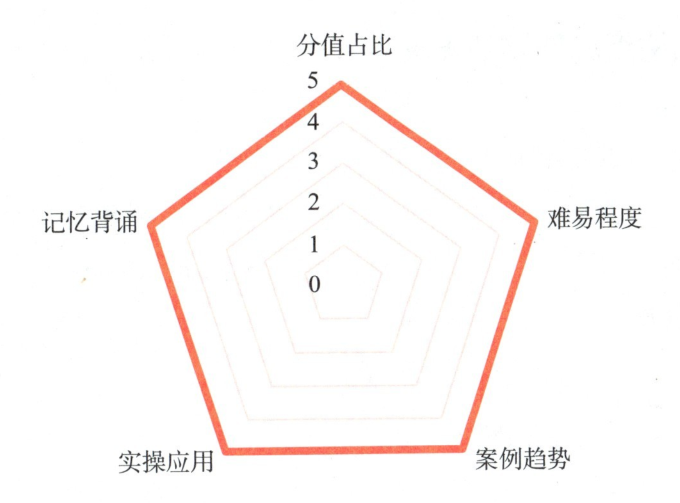

分值占比：★★★★★

本专题在每年考试当中的分值大约为43分，占比约27%，属于技术部分中的第一梯队，是非常重要的内容。

难易程度：★★★★★

本专题考核难度非常高，因为桥梁工程结构相对复杂，所以其施工工序也相应繁多，并且桥梁工程基本上会围绕图形进行考核，识图能力要求非常高。

案例趋势：★★★★★

本专题案例题属于必考内容，甚至某些年份会出现两道案例题，出题点非常多，考核题型非常多元化，从结构施工技术要点的“改错题”，到各部位施工流程的“排序题”，再到各工艺技术若干保证措施的“简答题”。因此考生需要多在案例题训练中不断试错，总结规律，方能攻克本专题案例难题。

实操应用：★★★★★

桥梁工程会涉及土建施工通用技术，涵盖钢筋、模板支架、混凝土、预应力等内容，这部分可以出现在其他专业技术的结构施工中，注意融会贯通。同时，桥梁基础施工又可以和轨道交通工程联系在一起，相同工艺出现在不同专业中，答题角度是相通的。

记忆背诵：★★★★★

本专题施工工艺技术繁多，知识体系较为复杂，技术结合安全事故预防措施，质量缺陷分析，质量控制指标等内容需要理解记忆。

考点练习

考点15　城市桥梁结构组成与类型★★★

1.城市桥梁防水排水系统的功能包括（　　）。

A.迅速排除桥面积水

B.使渗水的可能性降至最低限度

C.减少结构裂缝的出现

D.保证结构上无漏水现象

E.提高桥面铺装层的强度

【答案】ABD

【解析】本题考查的是城市桥梁结构组成与类型。桥面防排水系统应能迅速排除桥面积水，并使渗水的可能性降至最低限度，城市桥梁排水系统应保证桥下无滴水和结构上无漏水现象。

2.下列桥梁构造中起桥跨结构支撑作用的有（　　）。

A.桥墩

B.桥面铺装

C.桥台

D.锥坡

E.伸缩缝

【答案】AC

【解析】桥墩：在河中或岸上支承桥跨结构的结构物。桥台：设在桥的两端，一边与路堤相接，以防止路堤滑塌；另一边则支承桥跨结构的端部。

【考向预测】本题考查的是桥梁结构的组成与特点，备考过程中，桥梁各结构部位的识图及作用是市政考试的高频考点，结合近几年市政考试特点及新教材变化内容，斜拉桥、悬索桥、钢-混凝土结合梁桥的结构识图在案例中考核的概率也大幅上升。同时，桥梁的所有内容也是以桥梁结构为基本框架展开的，因此，熟悉桥梁结构对于系统化学习桥梁特别重要，请同学们务必要重点掌握此部分内容。

3.关于桥梁结构受力特点的说法，错误的是（　　）。

A.拱式桥的承重结构以受压为主，桥墩或桥台承受水平推力

B.梁式桥是一种在竖向荷载作用下无水平反力的结构

C.刚架桥在竖向荷载作用下，梁部主要受弯，而柱脚处也具有水平反力

D.在相同荷载作用下，同样跨径的刚架桥正弯矩比梁式桥要大

【答案】D

【解析】D选项错误，在相同荷载作用下，同样跨径的刚架桥正弯矩比梁式桥要小。

考点16　模板、支架和拱架的设计、制作、安装与拆除★★★

1.计算桥梁墩台侧模强度时采用的荷载有（　　）。

A.新浇筑钢筋混凝土自重

B.振捣混凝土时的荷载

C.新浇筑混凝土对侧模的压力

D.施工机具荷载

E.倾倒混凝土时产生的水平向冲击荷载

【答案】CE

【解析】见表2-1。

表2-1　设计模板、支架和拱架的荷载组合表

模板构件名称	荷载组合	
	计算强度用	验算刚度用
梁、板、拱的底模及支架等	①②③④⑦⑧	①②⑦⑧
缘石、人行道、栏杆、柱、梁板、拱等侧模	④⑤	⑤
基础、墩台等厚大结构物的侧模板	⑤⑥	⑤

注：①模板、支架和拱架自重；

②新浇筑混凝土、钢筋混凝土或圬工、砌体的自重力；

③施工人员及施工材料机具等行走运输或堆放的荷载；

④振捣混凝土时的荷载；

⑤新浇筑混凝土对侧面模板的压力；

⑥倾倒混凝土时产生的水平向冲击荷载；

⑦设于水中的支架所承受的水流压力、波浪力、流冰压力、船只及其他漂浮物的撞击力；

⑧其他可能产生的荷载，如风雪荷载、冬期施工保温设施荷载等。

【考向预测】本题考查的是设计模板、支架和拱架的荷载组合。本题的混淆点在于刚度、强度的区分及振捣混凝土和倾倒混凝土对模板的荷载计算的影响。备考策略上，这类题型用排除法，第一步先判断模板受力，包括底模竖向力和侧模水平力；第二步判断强度或者刚度，刚度不考虑临时作用力；第三步记忆，小体积不考虑倾倒，大体积不考虑振捣。

2.下列影响因素中，不属于设置支架施工预拱度应考虑的是（　　）。

A.支架承受施工荷载引起的弹性变形

B.支架杆件接头和卸落设备受载后压缩产生的非弹性变形

C.支架立柱在环境温度下的膨胀或压缩变形

D.支架基础受载后的沉降

【答案】C

【解析】施工预拱度应考虑下列因素：（1）设计文件规定的结构预拱度；（2）支架和拱架承受全部施工

荷载引起的弹性变形；（3）受载后由于杆件接头处的挤压和卸落设备压缩而产生的非弹性变形；（4）支架、拱架基础受载后的沉降。

3.模板、支架设计应满足浇筑混凝土时的（　　）要求。

A.承载力　　B.沉降率

C.稳定性　　D.连续性

E.刚度

【答案】ACE

【解析】模板、支架和拱架应结构简单、制造与装拆方便，应具有足够的承载能力、刚度和稳定性。

4.下列关于模板、支架的拆除措施，正确的有（　　）。

A.钢筋混凝土模板应在混凝土强度能承受自重荷载及可能叠加荷载时，方可拆除

B.应遵循先支后拆、后支先拆的原则

C.卸落量宜由小渐大

D.纵向应对称均衡卸落

E.简支梁、连续梁结构的模板应从支座向跨中一次循环卸落

【答案】BCD

【解析】A选项错误，钢筋混凝土结构的承重模板、支架，应在混凝土强度能承受其自重荷载及其他可能的叠加荷载时，方可拆除。E选项错误，支架和拱架应按几个循环卸落，卸落量宜由小渐大。每一循环中，在横向应同时卸落、在纵向应对称均衡卸落。简支梁、连续梁结构的模板应从跨中向支座方向依次循环卸落；悬臂梁结构的模板宜从悬臂端开始顺序卸落。

【考向预测】本题考查的是模板、支架的拆除。本题的难点在于简支梁、连续梁的拆除顺序，备考过程中，需注意这一点的通用性，即无论是简支梁或悬臂梁的支架、模板的拆除顺序，还是混凝土的浇筑顺序，简支梁均由跨中向支座方向进行，悬臂梁均由悬臂前端开始。同时应注意，支架、模板的拆除在考试中考核排序类题目的概率较高。

考点17　钢筋施工技术★★

1.桥墩钢模板组装后，用于整体吊装的吊环应采用（　　）。

A.热轧光圆钢筋　　B.热轧带肋钢筋　　C.冷轧带肋钢筋　　D.高强钢丝

【答案】A

【解析】预制构件的吊环必须采用未经冷拉的热轧光圆钢筋制作。

2.受拉构件中的主钢筋不应选用的连接方式是（　　）。

A.闪光对焊　　B.搭接焊　　C.绑扎连接　　D.机械连接

【答案】C

【解析】当普通混凝土中钢筋直径等于或小于22mm，在无焊接条件时，可采用绑扎连接，但受拉构件中的主钢筋不得采用绑扎连接。

3.关于钢筋加工的说法，正确的有（　　）。

A.钢筋弯制前应先将钢筋制作成弧形

B.钢筋弯制应在常温状态从中部开始逐步向两端弯制

C.钢筋末端弯钩平直部分的长度，根据钢筋材料的长度确定

D.钢筋应在加热的情况下弯制

E.钢筋弯钩应一次弯制成型

【答案】BE

【解析】A选项错误，钢筋弯制前应先调直。C选项错误，受力钢筋弯制和末端弯钩均应符合设计要求或规范规定。弯钩平直部分的长度，一般结构不宜小于箍筋直径的5倍，有抗震要求的结构不得小于箍筋直径的10倍。D选项错误，钢筋宜在常温状态下弯制，不宜加热。B、E选项正确，钢筋宜从中部开始逐步向两端弯制，弯钩应一次弯成。

4.现场绑扎钢筋时，不需要全部用绑丝绑扎的交叉点是（　　）。

A.受力钢筋的交叉点

B.单向受力钢筋网片外围两行钢筋交叉点

C.单向受力钢筋网片中间部分交叉点

D.双向受力钢筋的交叉点

【答案】C

【解析】A选项正确，钢筋的交叉点应采用绑丝绑牢，必要时可辅以点焊。B、D选项正确，C选项错误，钢筋网的外围两行钢筋交叉点应全部扎牢，中间部分交叉点可间隔交错扎牢，但双向受力的钢筋网，钢筋交叉点必须全部扎牢。

考点18　混凝土施工技术★★

1.用于基坑边坡支护的喷射混凝土的主要外加剂是（　　）。

A.膨胀剂　　B.引气剂　　C.防水剂　　D.速凝剂

【答案】D

【解析】常用的外加剂有减水剂、早强剂、缓凝剂、引气剂、防冻剂、膨胀剂、防水剂、混凝土泵送剂、喷射混凝土用的速凝剂等。

2.配制高强度混凝土时，可选用的矿物掺合料有（　　）。

A.优质粉煤灰

B.磨圆的砾石

C.磨细的矿渣粉

D.硅粉

E.膨润土

【答案】ACD

【解析】配制高强度混凝土的矿物掺合料可选用优质粉煤灰、磨细矿渣粉、硅粉和磨细天然沸石粉。

3.混凝土的运输能力应满足（　　）的要求。

A.凝结速度

B.浇筑时间

C.浇筑速度

D.运输时间

E.间歇时间

【答案】AC

【解析】混凝土的运输能力应满足凝结速度和浇筑速度的要求，使浇筑工作不间断。

4.浇筑混凝土时，振捣延续时间的判断标准有（　　）。

A.持续振捣5分钟

B.表面出现浮浆

C.表面出现分离层析

D.表面出现气泡

E.表面不再沉落

【答案】BE

【解析】采用振捣器振捣混凝土时，每一振点的振捣延续时间，应以使混凝土表面呈现浮浆、不出现气泡和不再沉落为准。

5.下列混凝土中，洒水养护时间不得少于14d的有（　　）。

A.普通硅酸盐水泥混凝土

B.矿渣硅酸盐水泥混凝土

C.掺用缓凝型外加剂的混凝土

D.有抗渗要求的混凝土

E.高强度混凝土

【答案】CDE

【解析】采用硅酸盐水泥、普通硅酸盐水泥或矿渣硅酸盐水泥的混凝土，洒水养护时间不得少于7d。掺用缓凝型外加剂或有抗渗要求以及高强度的混凝土，洒水养护时间不少于14d。

考点19　预应力混凝土施工技术★★★

1.先张法同时张拉多根预应力筋时，各根预应力筋的（　　）应一致。

A.长度

B.高度位置

C.初始伸长量

D.初始应力

【答案】D

【解析】同时张拉多根预应力筋时，各根预应力筋的初始应力应一致。张拉过程中应使活动横梁与固定横梁始终保持平行。

2.关于预应力张拉施工的说法，错误的是（　　）。

A.当设计无要求时，实际伸长值与理论伸长值之差应控制在6%以内

B.张拉初应力（σ_0）宜为张拉控制应力（σ_{con}）的10%～15%；伸长值应从初应力时开始测量

C.先张法预应力施工中，设计无要求，放张预应力筋时，混凝土强度不得低于设计混凝土强度等级值的75%

D.后张法预应力施工中，当设计无要求时，可采取分批、分阶段对称张拉，应先上、下，后两侧或中间

【答案】D

【解析】D选项错误，后张法预应力施工中，当设计无要求时，可采取分批、分阶段对称张拉，宜先中间，后上、下或两侧。

3.关于先张法预应力施工技术的说法，正确的有（　　）。

A.张拉台座应具有足够的抗倾覆安全措施

B.预应力筋连同隔离套管应在钢筋骨架完成后穿入

C.预应力筋就位后，严禁采用电弧焊对梁体钢筋进行焊接

D.张拉完成后，应在隔离套管内进行压浆处理

E.锚板受力中心应与预应力筋合力中心一致

【答案】ABCE

【解析】D选项错误，隔离套管内无须压浆处理。隔离套管一般为两端封堵。预应力筋连同隔离套管应在钢筋骨架完成后一并穿入就位。就位后，严禁使用电弧焊对梁体钢筋及模板进行切割或焊接。隔离套管两端应堵严。

4.关于预应力施工的说法，错误的是（　　）。

A.预应力筋实际伸长值与理论伸长值之差应控制在±6%以内

B.预应力超张拉的目的是减少孔道摩阻损失的影响

C.后张法曲线孔道的波峰部位应留排气孔

D.曲线预应力筋宜在两端张拉

【答案】B

【解析】B选项错误，张拉前根据设计要求对孔道摩阻损失进行实测，以便确定张拉控制应力值，并确定预应力筋的理论伸长值。超张拉是为了减轻或避免预应力张拉后松弛的影响。

考点20　各种围堰施工要求★★

1.适用于深5m、流速较大的黏性土河床的围堰类型是（　　）。

A.土围堰　　B.土袋围堰

C.钢板桩围堰　　D.铁丝笼围堰

【答案】C

【解析】围堰类型及适用条件见表2-2。

表2-2 围堰类型及适用条件

围堰类型		适用条件
土石围堰	土围堰	水深≤1.5m，流速≤0.5m/s，河边浅滩，河床渗水性较小
	土袋围堰	水深≤3.0m，流速≤1.5m/s，河床渗水性较小，或淤泥较浅
	木桩竹条土围堰	水深1.5～7m，流速≤2.0m/s，河床渗水性较小，能打桩，盛产竹木地区
	竹篱土围堰	水深1.5～7m，流速≤2.0m/s，河床渗水性较小，能打桩，盛产竹木地区
	竹、铁丝笼围堰	水深4m以内，河床难以打桩，流速较大
	堆石土围堰	河床渗水性很小，流速≤3.0m/s，石块能就地取材
板桩围堰	钢板桩围堰	深水或深基坑，流速较大的砂类土、黏性土、碎石土及风化岩等坚硬河床。防水性能好，整体刚度较强
	钢筋混凝土板桩围堰	深水或深基坑，流速较大的砂类土、黏性土、碎石土河床。除用于挡水防水外还可作为基础结构的一部分，亦可拔除周转使用，能节约大量木材
套箱围堰		流速≤2.0m/s，覆盖层较薄，平坦的岩石河床，埋置不深的水中基础，也可用于修建桩基承台
双壁围堰		大型河流的深水基础，覆盖层较薄、平坦的岩石河床

2.下列河床地层中，不宜使用钢板桩围堰的是（　　）。

A.砂类土　　B.碎石土

C.含有大漂石的卵石土　　D.强风化岩

【答案】C

【解析】钢板桩围堰适用于深水或深基坑，流速较大的砂类土、黏性土、碎石土及风化岩等坚硬河床。防水性能好，整体刚度较强。有大漂石及坚硬岩石的河床不宜使用钢板桩围堰。

【考向预测】本题考查的是钢板桩围堰施工要求。备考过程中，应重点掌握钢板桩工法的施工流程、适用范围、优缺点及技术要点，该考点在市政科目中具有通用性，不仅可以作为桥梁围堰的考点，也可作为基坑围护结构、管道沟槽支护结构的考点。

3.钢板桩施打过程中，应随时检查的指标是（　　）。

A.施打入土摩阻力　　B.桩身垂直度

C.地下水位　　D.沉桩机的位置

【答案】B

【解析】钢板桩施打过程中，应随时检查桩的位置是否正确、桩身是否垂直，否则应立即纠正或拔出重打。

4.关于钢板桩围堰施工的说法，正确的有（　　）。

A.适用于深水基坑工程

B.在黏土层施工时应使用射水下沉方法

C.钢板桩的锁口应用止水材料填缝

D.施打时应有导向设备

E.拆除顺序一般从上游向下游拆除

【答案】ACD

【解析】B选项错误，在黏土中不宜使用射水下沉方法。E选项错误，施打顺序一般从上游向下游合龙，拆除顺序一般从下游向上游拆除。

考点21　桩基础施工方法与设备选择★★★

1.预制桩接头一般采用的连接方式有（　　）。

A.焊接　　B.硫磺胶泥

C.法兰　　D.机械连接

E.搭接

【答案】ACD

【解析】预制桩的接桩可采用焊接、法兰连接或机械连接，接桩材料工艺应符合规范要求。

2.锤击法沉桩施工时，控制终止锤击的标准包括（　　）。

A.地面隆起程度　　B.桩头破坏情况

C.桩端设计标高　　D.桩身回弹情况

E.贯入度

【答案】CE

【解析】桩终止锤击的控制应视桩端土质而定，一般情况下以控制桩端设计标高为主，贯入度为辅。

3.地下水位以下土层的桥梁桩基础施工，不适宜采用的成桩设备是（　　）。

A.正循环回旋钻机　　B.旋挖钻机

C.长螺旋钻机　　D.冲孔钻机

【答案】C

【解析】C选项错误，长螺旋钻孔属于干作业成孔桩的成桩方式，适用于地下水位以上的黏性土、砂土及人工填土非密实的碎石类土、强风化岩。

【考向预测】本题考查的是桩基础的施工方法与设备选择。本题的混淆点在于不同条件下成孔设备的选用，备考时，应能做到根据不同的地质水文环境及项目背景信息选择对应的成孔设备。

4.关于钻孔灌注桩水下混凝土灌注的说法，正确的有（　　）。

A.导管安装固定后开始吊装钢筋笼

B.开始灌注混凝土时，导管底部应与孔底保持密贴

C.混凝土混合料须具有良好的和易性，坍落度可为200mm

D.灌注首盘混凝土时应使用隔水球

E.灌注必须连续进行，避免将导管提出混凝土灌注面

【答案】CDE

【解析】A选项错误，应在桩孔检验合格，吊装钢筋笼完毕后，安置导管浇筑混凝土。B选项错误，开始灌注混凝土时，导管底部至孔底的距离宜为300～500mm。

【考向预测】本题考查的是钻孔灌注桩基础。本题的难点在于水下混凝土灌注过程中的施工技术要点，备考过程中，要注意该考点可与钻孔灌注桩施工质量事故预防措施结合考查，例如灌注混凝土过程中导管提出混凝土灌注面可能会造成夹渣或断桩，隔水球不规范可能会造成堵管。请同学们务必要理解施工技术要点的原理，在理解的基础上进行记忆。

考点22　墩台、盖梁施工技术★

1.下列关于柱式墩台施工的说法，正确的是（　　）。

A.V形墩柱应先浇筑一侧分支

B.有系梁时，应浇筑完柱再进行系梁浇筑

C.混凝土管柱外模应设斜撑

D.悬臂梁结构的模板从中间向悬臂端开始顺序卸落

【答案】C

【解析】A选项错误，V形墩柱混凝土应对称浇筑。B选项错误，柱身高度内有系梁连接时，系梁应与柱同步浇筑。C选项正确，混凝土管柱外模应设斜撑，保证浇筑时的稳定。D选项错误，盖梁为悬臂梁时，混凝土浇筑应从悬臂端开始。悬臂梁结构的模板宜从悬臂端开始顺序卸落。

2.关于重力式混凝土桥台施工的说法，正确的有（　　）。

A.基础混凝土顶面涂界面剂时，不得做凿毛处理

B.宜水平分层浇筑

C.分块浇筑时接缝应与截面尺寸长边平行

D.上下层分块接缝应在同一竖直线

E.接缝宜做成企口形式

【答案】BE

【解析】A选项错误，桥台混凝土浇筑前应对基础混凝土顶面做凿毛处理，清除锚筋污锈。C、D选项错误，桥台混凝土分块浇筑时，接缝应与墩台截面尺寸较小的一边平行，邻层分块接缝应错开，接缝宜做成企口型。

考点23　桥梁支座施工★★

1.关于桥梁支座的说法，错误的是（　　）。

A.支座传递上部结构承载的荷载

B.支座传递上部结构荷载的位移

C.支座传递上部结构承载的转角

D.支座对桥梁变形的约束力应尽可能地大，以限制钢梁自由伸缩

【答案】D

【解析】支座能将桥梁上部结构承受的荷载和变形（位移和转角）可靠地传递给桥梁下部结构，是桥梁重要的传力装置。支座对桥梁变形的约束应尽可能地小，以适应梁体自由伸缩和转动的需要。

2.在桥梁支座的分类中，固定支座是按（　　）分类的。

A.变形可能性　　B.结构形式

C.价格高低　　D.所用材料

【答案】A

【解析】支座按变形可能性分类分为固定支座、单向活动支座、多向活动支座。

3.桥梁活动支座安装时，应在聚四氟乙烯板顶面凹槽内满注（　　）。

A.丙酮　　B.硅脂　　C.清机油　　D.脱模剂

【答案】B

【解析】活动支座安装前应采用丙酮或酒精解体清洗其各相对滑移面，擦净后在聚四氟乙烯板顶面凹槽内满注硅脂。

考点24　装配式桥梁施工技术★★

1.装配式梁（板）施工依照吊装机具不同，梁板架设方法分为（　　）。

A.移动模架法　　B.起重机架梁法

C.跨墩龙门吊架梁法　　D.穿巷式架桥机架梁法

E.悬臂拼装法

【答案】BCD

【解析】装配式梁（板）施工依照吊装机具不同，梁板架设方法分为起重机架梁法、跨墩龙门吊架梁法、穿巷式架桥机架梁法。

【考向预测】本题考查的是装配式梁（板）施工方法。教材对吊装方法并没有做过多介绍，但是在考试中可以案例形式考核这三种吊装方法的工法比选，起重机多用于梁板断面小、用量较少、需定时吊装并有施工便道时。跨墩龙门吊多用于梁板数量较多，场地平整且有足够存梁的场地。穿巷式架桥机多用于跨越铁路、山涧、轻轨、河流和高架桥。

2.关于先张法预应力空心板梁的场内移运和存放的说法，错误的是（　　）。

A.吊运时，混凝土强度不得低于设计强度的75%

B.存放时，支点处应采用垫木

C.存放时长可长达3个月

D.同长度的构件，多层叠放时，上下层垫木在竖直面上应适当错开

【答案】D

【解析】D选项错误，当构件多层叠放时，层与层之间应以垫木隔开，各层垫木的位置应设在设计规定的支点处，上下层垫木应在同一条竖直线上。

3.预制梁板吊装时，吊绳与梁板的交角为（　　）时，应设置吊架或吊装扁担。

A.45°　　B.60°　　C.75°　　D.90°

【答案】A

【解析】吊装时构件的吊环应顺直，吊绳与起吊构件的交角小于60°时，应设置吊架或吊装扁担，尽量使吊环垂直受力。本题中交角为45°（小于60°）时需要设置吊架或吊装扁担。

4.先简支后连续梁的湿接头设计要求施加预应力时，体系转换的时间是（　　）。

A.应在一天中气温较低的时段　　B.湿接头浇筑完成时

C.预应力施加完成时　　D.预应力孔道浆体达到强度时

【答案】D

【解析】湿接头应按设计要求施加预应力、孔道压浆；浆体达到强度后应立即拆除临时支座，按设计规定的程序完成体系转换。同一片梁的临时支座应同时拆除。

考点25　现浇预应力（钢筋）混凝土连续梁施工技术★★★

1.在移动模架上浇筑预应力混凝土连续梁时，浇筑分段施工缝应设在（　　）零点附近。

A.拉力　　B.弯矩　　C.剪力　　D.扭矩

【答案】B

【解析】浇筑分段工作缝，必须设在弯矩零点附近，受力对浇筑影响较小。

2.下列措施中，可以达到消除挂篮组装非弹性变形的是（　　）。

A.提高安全系数　　B.减轻挂篮重量　　C.空载试运行　　D.载重试验

【答案】D

【解析】挂篮组装后，应全面检查安装质量，并应按设计荷载做载重试验，以消除非弹性变形。

3.采用悬臂浇筑法施工多跨预应力混凝土连续梁时，正确的浇筑顺序是（　　）。

A.0号块→主梁节段→边跨合龙段→中跨合龙段

B.0号块→主梁节段→中跨合龙段→边跨合龙段

C.主梁节段→0号块→边跨合龙段→中跨合龙段

D.主梁节段→0号块→中跨合龙段→边跨合龙段

【答案】A

【解析】悬臂浇筑法施工，应先浇筑0号块，然后是墩顶梁端两侧对称悬浇梁段，接着是边孔支架现浇梁段，最后是主梁跨中合龙段。

【考向预测】本题考查的是悬臂浇筑法施工。本题需要考生深刻理解悬臂浇筑法的施工流程步骤及对应的施工方法，这里不仅可以考选择题，也是案例题的高频考点。

4.悬臂浇筑法施工连续梁合龙段时，错误的有（　　）。

A.合龙前，应在两端悬臂预加压重，直至施工完成后撤除

B.合龙前，应将合龙跨一侧墩的临时锚固放松

C.合龙段的混凝土强度提高一级的主要目的是尽早施加预应力

D.合龙段的长度可为2m

E.合龙段应在一天中气温最高时进行

【答案】AE

【解析】A选项错误，合龙前在两端悬臂预加压重，并于浇筑混凝土过程中逐步撤除，以使悬臂端挠度保持稳定。E选项错误，合龙宜在一天中气温最低时进行。

5.预应力混凝土连续梁的悬臂浇筑段前端底板和桥面高程的确定，是连续梁施工的关键问题之一，确定悬臂浇筑段前段高程时应考虑（　　）。

A.挂篮前端的垂直变形值

B.预拱度值

C.施工人员的影响

D.温度的影响

E.施工中已浇筑段的实际高程

【答案】ABDE

【解析】确定悬臂浇筑段前段高程时应考虑：（1）挂篮前端的垂直变形值；（2）预拱度设置；（3）施工中已浇段的实际高程；（4）温度影响。

考点26　钢梁施工技术★★

1.关于钢梁施工的说法，正确的是（　　）。

A.人行天桥钢梁出厂前可不进行试拼装

B.多节段钢梁安装时，应在全部节段安装完成后再测量其位置、标高和预拱度

C.施拧钢梁高强螺栓时，应采用木棍敲击拧紧

D.钢梁顶板的受压横向对接焊缝应全部进行超声波探伤检验

【答案】D

【解析】A选项错误，钢梁出厂前必须进行试拼装，并应按设计和有关规范的要求验收。B选项错误，钢梁安装过程中，每完成一节段应测量其位置、标高和预拱度，不符合要求应及时校正。C选项错误，高强度螺栓施拧时，不得采用冲击拧紧和间断拧紧。

2.钢梁杆件在进行焊缝连接时，焊接顺序为（　　）。

A.纵向从两端向跨中、横向从两侧向中线对称进行

B.纵向从两端向跨中、横向从中线向两侧对称进行

C.纵向从跨中向两端、横向从中线向两侧对称进行

D.纵向从跨中向两端、横向从两侧向中线对称进行

【答案】C

【解析】钢梁杆件工地焊缝连接，应按设计顺序进行。无设计顺序时，焊接顺序宜为纵向从跨中向两端、横向从中线向两侧对称进行。

3.钢梁采用高强螺栓连接时，施拧顺序从板束（　　）处开始。

A.刚度小、缝隙小　　B.刚度小、缝隙大

C.刚度大、缝隙小　　D.刚度大、缝隙大

【答案】D

【解析】钢梁采用高强螺栓连接时，施拧顺序从板束刚度大、缝隙大处开始。

考点27　钢-混凝土结合梁施工技术★★

1.下列工序不属于钢-混凝土结合梁施工基本工艺流程的是（　　）。

A.钢梁预制　　B.焊接传剪器　　C.临时固结　　D.张拉预应力束

【答案】C

【解析】钢-混凝土结合梁施工基本工艺流程：钢梁预制并焊接传剪器→架设钢梁→安装横梁（横隔梁）及小纵梁（有时不设小纵梁）→安装预制混凝土板并浇筑接缝混凝土或支搭现浇混凝土桥面板的模板并铺设钢筋→现浇混凝土→养护→张拉预应力束→拆除临时支架或设施。C选项错误，不包括临时固结，临时固结是悬臂浇筑的0号块工序要求。

2.关于钢-混凝土结合梁施工技术的说法，正确的有（　　）。

A.一般由钢梁和钢筋混凝土桥面板两部分组成

B.在钢梁与钢筋混凝土板之间设传剪器的作用是使二者共同工作

C.适用于城市大跨径桥梁

D.桥面混凝土浇筑应分车道分段施工

E.浇筑混凝土桥面时，横桥向应由两侧向中间合龙

【答案】ABC

【解析】D选项错误，混凝土桥面结构应全断面连续浇筑。E选项错误，浇筑顺序：顺桥向应自跨中开始向支点处交汇，或由一端开始浇筑；横桥向应先由中间开始向两侧扩展。

【考向预测】本题考查的是钢-混凝土结合梁施工技术。本题难度不大，需要注意的是，该题是2019年

的真题，该题的B、E选项在2023年考试中又以案例题的形式进行考核。诸如此类的考题有很多，所以考生在备考过程中一定要把真题认真吃透。

3.钢–混凝土结合梁混凝土桥面浇筑所采用的混凝土宜具有（ ）性能。

A.缓凝

B.早强

C.补偿收缩

D.速凝

E.自密实

【答案】ABC

【解析】现浇混凝土结构宜采用缓凝、早强、补偿收缩性混凝土。

考点28 钢筋（管）混凝土拱桥施工技术★

1.关于在拱架上分段浇筑混凝土拱圈施工技术的说法，正确的有（ ）。

A.纵向钢筋应通长设置

B.分段位置宜设置在拱架节点、拱顶、拱脚

C.各分段接合面应与拱轴线成45°

D.分段浇筑应对称拱顶进行

E.各分段内的混凝土应一次连续浇筑

【答案】BDE

【解析】A选项错误，分段浇筑钢筋混凝土拱圈（拱肋）时，纵向不得采用通长钢筋，钢筋接头应安设在后浇的几个间隔槽内，并应在浇筑间隔槽混凝土时焊接。C选项错误，各段的接缝面应与拱轴线垂直。

2.钢管混凝土内的混凝土应饱满，其质量检测应以（ ）为主。

A.人工敲击　B.超声波检测　C.射线检测　D.电火花检测

【答案】B

【解析】钢管混凝土的质量检测应以超声波检测为主，人工敲击为辅。

3.下列混凝土性能中，不适宜用于钢管混凝土拱的是（ ）。

A.早强　B.补偿收缩　C.缓凝　D.干硬性

【答案】D

【解析】钢管混凝土应具有低泡、大流动性、补偿收缩、延缓初凝和早强的性能。

考点29 斜拉桥施工技术★

1.斜拉桥由（ ）组成。

A.主梁

B.索塔

C.传剪器

D.钢索

E.吊索

【答案】ABD

【解析】斜拉桥由索塔、钢索和主梁组成。C选项错误，传剪器为钢-混凝土结合梁构成部件。E选项错误，吊索为悬索桥结构组成部件。

【考向预测】本题考查的是斜拉桥施工技术，该考点难度不大，但需注意的是，结合近几年市政考试的特点及考纲变化，斜拉桥考核选择题的概率偏高，出现在案例题中大概率考核斜拉桥识图题。

2.斜拉桥索塔施工时，对于横梁较多的高塔，宜采用（　　）。

A.爬模法　　B.劲性骨架挂模提升法

C.支架法　　D.悬臂浇筑法

【答案】B

【解析】索塔的施工可视其结构、体形、材料、施工设备和设计要求综合考虑，选用适合的方法。裸塔施工宜用爬模法，横梁较多的高塔，宜采用劲性骨架挂模提升法。

考点30　悬索桥施工技术★

1.悬索桥的（　　）是结构体系中的主要承重构件。

A.主缆　　B.主塔　　C.加劲梁　　D.吊索

【答案】A

【解析】主缆是结构体系中的主要承重构件，是通过塔顶索鞍悬挂在主塔上并锚固于两端锚固体中的柔性承重构件。B选项错误，主塔是抵抗竖向荷载的主要承重构件，是支承主缆的重要构件。C选项错误，加劲梁是悬索桥承受风荷载和其他横向水平力的主要构件，防止桥面发生过大的挠曲变形和扭曲变形，主要承受弯曲内力。D选项错误，吊索是将加劲梁自重、外荷载传递到主缆的传力构件，是连系加劲梁和主缆的纽带。

2.悬索桥施工工序中，索股架设的紧后工序是（　　）。

A.加劲梁架设和桥面铺装施工　　B.索夹和吊索安装

C.猫道面层和抗风缆架设　　D.牵引系统和猫道系统

【答案】B

【解析】悬索桥施工主要工序包括：基础施工→塔柱和锚碇施工→先导索渡海工程→牵引系统和猫道系统→猫道面层和抗风缆架设→索股架设→索夹和吊索安装→加劲梁架设和桥面铺装施工。

考点31　桥面系施工★★

1.下列关于桥梁防水层施工的说法，正确的是（　　）。

A.基层混凝土强度达到75%以上，方可进行防水层施工

B.基层处理剂可以采用喷涂法施工

C.对局部粗糙度大于上限值的部位，在环氧树脂上撒布粒径为1～3mm的石英砂进行处理

D.基层处理剂施工质量检验合格后，应开放作业人员通行

【答案】B

【解析】A选项错误，基层混凝土强度应达到设计强度的80%以上，方可进行防水层施工。B选项正确，基层处理剂可采用喷涂法或刷涂法施工，喷涂应均匀，覆盖完全，待其干燥后应及时进行防水层施工。C选项错误，当采用防水卷材时，基层混凝土表面的粗糙度应为1.5～2.0mm；当采用防水涂料时，基层混凝土表面的粗糙度应为0.5～1.0mm。对局部粗糙度大于上限值的部位，可在环氧树脂上撒布粒径为0.2～0.7mm的石英砂进行处理，同时应将环氧树脂上的浮砂清除干净。D选项错误，基层处理剂涂刷完毕后，其表面应进行保护，且应保持清洁。涂刷范围内，严禁各种车辆行驶和人员踩踏。

2.关于桥梁防水涂料的说法，正确的是（　　）。

A.防水涂料配料时，可掺入少量结块的涂料

B.第一层防水涂料完成后应立即涂布第二层涂料

C.涂料防水层内设置的胎体增强材料，应顺桥面行车方向铺贴

D.防水涂料施工应先进行大面积涂布，再做好节点处理

【答案】C

【解析】A选项错误，防水涂料配料时，不得混入已固化或结块的涂料。B选项错误，防水涂料应保障固化时间，待涂布的涂料干燥成膜后，方可涂布后一遍涂料。C选项正确，涂料防水层内设置的胎体增强材料，应顺桥面行车方向铺贴。D选项错误，防水涂料施工应先做好节点处理，然后再进行大面积涂布。

3.桥梁伸缩缝一般设置于（　　）。

A.桥墩处的上部结构之间

B.桥台端墙与上部结构之间

C.连续梁最大负弯矩处

D.梁式桥的跨中位置

E.拱式桥拱顶位置的桥面处

【答案】AB

【解析】为满足桥面变形的要求，通常在两梁端之间、梁端与桥台之间或桥梁的铰接位置上设置伸缩装置。

4.桥梁工程伸缩装置应具有可靠的防水、排水系统，防水性能应符合注满水（　　）无渗漏的要求。

A.12h　　B.24h　　C.36h　　D.48h

【答案】B

【解析】伸缩装置应具有可靠的防水、排水系统，防水性能应符合注满水24h无渗漏的要求。

5.桥梁伸缩装置施工安装中，错误的做法是（　　）。

A.安装前，按照安装时的气温调整安装时的定位值

B.就位前，将预留槽内混凝土凿毛并清洗干净

C.安装时，将伸缩装置的锚固钢筋与桥梁预埋钢筋焊接牢固

D.预留槽混凝土达到设计强度75%方可开放交通

【答案】D

【解析】伸缩装置两侧预留槽混凝土强度在未满足设计要求前不得开放交通。

6.桥梁护栏设施施工的说法中，错误的是（　　）。

A.防护设施采用混凝土预制构件时，安装的砂浆强度当设计无要求时，宜采用M20水泥砂浆

B.防撞墩必须与桥面混凝土预埋件、预埋筋连接牢固，并应在施作桥面防水层前完成

C.在设置伸缩缝处，栏杆应断开

D.护栏、防护网宜在桥面、人行道铺装前安装

【答案】D

【解析】护栏、防护网宜在桥面、人行道铺装完成后安装。

考点32　桥梁附属结构施工★

隔声障加工与安装的要求中，说法错误的有（　　）。

A.隔声障的加工模数宜由桥梁两伸缩缝之间长度而定

B.隔声障应与钢筋混凝土预埋件牢固连接

C.在桥梁伸缩缝部位，隔声障应断开

D.6级（含）以上大风时不得进行隔声障安装

E.安装时应选择桥梁伸缩缝一侧的端部为控制点，依序安装

【答案】CD

【解析】C选项错误，隔声障应连续安装，不得留有间隙，在桥梁伸缩缝部位应按设计要求处理。D选项错误，5级（含）以上大风时不得进行隔声障安装。

考点33　管涵施工技术★

1.下列管涵施工技术要求正确的有（　　）。

A.设有基础的圆管涵，基础上面应设混凝土管座，其顶部弧形面应与管身紧密贴合

B.不设基础的圆管涵，应按设计要求将管底土层压实，做成与管身密贴的弧形管座

C.不设基础的管涵，管底土层承载力不符合设计要求时，应按规范要求加固

D.沉降缝应与管节接缝错开布置

E.进出水口沟床应整理平顺，与上下游导流排水系统连接顺畅、稳固

【答案】ABCE

【解析】D选项错误，管涵的沉降缝应设在管节接缝处。

2.下列关于拱形涵、盖板涵施工技术要点的说法，错误的是（　　）。

A.涵洞两侧同时回填，两侧对称进行，高差不大于300mm

B.拱形涵、盖板涵可与路基（土方）同步施工

C.涵洞两侧的回填土，应在主体结构防水层的保护层完成，且保护层砌筑砂浆强度达到2.5MPa后方可进行

D.拱圈和拱上墙应由两侧向中间同时、对称施工

【答案】C

【解析】C选项错误，涵洞两侧的回填土，应在主体结构防水层的保护层完成，且保护层砌筑砂浆强度达到3MPa后方可进行。

考点34　箱涵顶进施工技术★★

1.关于箱涵顶进施工的说法，正确的有（　　）。

A.箱涵顶进施工适用于带水作业，可在汛期施工

B.实施前应按施工方案要求完成后背施工和线路加固

C.在铁路路基下吃土顶进，不宜对箱涵做较大的轴线、高程调整动作

D.挖运土方与顶进作业同时进行

E.顶进过程中应重点监测底板、顶板、中边墙、中继间牛腿或剪力铰和顶板前、后悬臂板

【答案】BCE

【解析】A选项错误，箱涵顶进前，顶进作业面包括路基下地下水位已降至基底下500mm以下，并宜避开雨期施工，若在雨期施工，必须做好防洪及防雨排水工作。D选项错误，挖运土方不能与顶进作业同时进行，挖运土方土体稳定后方可进行顶进工作。

2.箱涵顶进可采取人工挖土或机械挖土。一般宜选用（　　）按设计坡度（　　）开挖，每次开挖进尺（　　）m。

A.小型反铲挖掘机；自上而下；0.5

B.小型正铲挖掘机；自下而上；0.5

C.小型正铲挖掘机；自上而下；0.4～0.8

D.小型反铲挖掘机；自下而上；0.4～0.8

【答案】A

【解析】可采取人工挖土或机械挖土。一般宜选用小型反铲挖掘机按侧刃脚坡度自上往下开挖，每次开挖进尺0.5m。

3.关于箱涵顶进安全措施的说法，错误的是（　　）。

A.顶进作业区应做好排水措施，不得积水

B.列车通过时，不得停止顶进挖土

C.实行封闭管理，严禁非施工人员入内

D.顶进过程中，任何人不得在顶铁、顶柱布置区内停留

【答案】B

【解析】列车通过时严禁继续挖土，人员应撤离开挖面。

考点35 城市桥梁工程安全技术控制要点★★★

1.支架搭设作业人员应经过相应部门的专业培训，包括（ ）。

A.定期体检

B.文化考核

C.持证上岗

D.部门批准

E.考试合格

【答案】ACE

【解析】作业人员应经过专业培训、考试合格，持证上岗，并应定期体检，不适合高处作业者，不得进行搭设与拆除作业。

2.不得在高压线下施工作业，若附近有架空高压线时应有专人监护作业，当电压在1～10kV时，应保证的安全施工距离是（ ）m。

A.4

B.6

C.8

D.10

【答案】B

【解析】根据高压线线路与钻机的安全距离表：当电压在1kV以下时，应保证的安全施工距离是4m；当电压在1～10kV时，应保证的安全施工距离是6m；当电压在35～110kV时，应保证的安全施工距离是8m。

【考向预测】本题考查的是钻孔灌注桩施工安全控制要点。本考点可在案例题中进行考核，主要考查改错类题目，即钻机与高压线之间的安全距离。如果考核安全措施的补充类题目，要注意钻机施工作业时，也需要专人指挥。同时要注意易混淆的考点，挖掘机严禁在高压线路下作业，钻机在高压线路下作业需要保持安全距离。

3.加工成型的桩基钢筋笼水平码放层数不宜超过（ ）层。

A.3

B.4

C.5

D.6

【答案】A

【解析】加工成型的钢筋笼、钢筋网和钢筋骨架等应水平放置。码放高度不得超过2m，码放层数不宜超过3层。

4.钻孔应连续作业。相邻桩之间净距小于5m时，邻桩混凝土强度达到（ ）MPa后，方可进行钻孔施工。

A.2.5 B.5 C.8 D.10

【答案】B

【解析】钻孔应连续作业。相邻桩之间净距小于5m时，邻桩混凝土强度达5MPa后，方可进行钻孔施工；或间隔钻孔施工。

考点36　城市桥梁工程质量控制要点★★★

1.水下混凝土灌注导管在安装使用时，应检查的项目有（　　）。

A.导管厚度

B.水密承压试验

C.气密承压试验

D.接头抗拉试验

E.接头抗压试验

【答案】ABD

【解析】灌注导管在安装前应有专人负责检查，检查项目主要有灌注导管是否存在孔洞和裂缝、接头是否密封、厚度是否合格。导管使用前应进行水密承压和接头抗拉试验，严禁用气压。

2.关于钻孔灌注桩钻孔垂直度控制措施的说法，正确的有（　　）。

A.施工场地应压实、平整

B.钻机安装时钻机底座的坡度应与场地坡度相一致

C.主动钻杆垂直度应及时调整

D.在软硬土层交界面应高速钻进

E.在倾斜岩面处应高钻压钻进

【答案】AC

【解析】控制钻孔垂直度的主要技术措施：（1）施工前应压实、平整施工场地。安装钻机时应严格检查钻机的平整度和主动钻杆的垂直度，钻进过程中应定时检查主动钻杆的垂直度，发现偏差立即调整。（2）定期检查钻头、钻杆、钻杆接头，发现问题及时维修或更换。（3）在软硬土层交界面或倾斜岩面处钻进，应低速、低钻压钻进。发现钻孔偏斜，应及时回填黏土，冲平后再低速、低钻压钻进。在复杂地层钻进，必要时在钻杆上加设扶正器。

3.大体积混凝土表层布设钢筋网的作用是（　　）。

A.提高混凝土抗压强度

B.防止混凝土出现沉陷裂缝

C.控制混凝土内外温差

D.防止混凝土收缩干裂

【答案】D

【解析】混凝土表层布设抗裂钢筋网片可有效地防止混凝土收缩时产生干裂。

4.下列因素中，可导致大体积混凝土现浇结构产生沉陷裂缝的是（　　）。

A.水泥水化热

B.外界气温变化

C.支架基础变形

D.混凝土收缩

【答案】C

【解析】支架、支撑变形下沉会引发结构裂缝，过早拆除模板支架易使未达到强度的混凝土结构发生裂缝和破损。

5.下列影响因素中，对混凝土内部温度影响最大的是（　　）。

A.水的洁净度　　B.砂的细度模数

C.碎石级配情况　　D.水泥用量

【答案】D

【解析】混凝土内部的温度与混凝土的厚度及水泥用量有关，混凝土越厚，水泥用量越大，内部温度越高。

6.下列属于悬臂浇筑主控项目的是（　　）。

A.合龙时两侧梁体的高差　　B.轴线偏位

C.顶面高程　　D.断面尺寸

【答案】A

【解析】悬臂浇筑主控项目：（1）悬臂浇筑必须对称进行，桥墩两侧平衡偏差不得大于设计规定，轴线挠度必须在设计规定范围内。（2）梁体表面不得出现超过设计规定的受力裂缝。（3）悬臂合龙时，两侧梁体的高差必须在设计规定允许范围内。

考点37　城市桥梁工程季节性施工措施★★

1.冬期施工应采用（　　）配制混凝土。

A.矿渣硅酸盐水泥　　B.粉煤灰硅酸盐水泥

C.火山灰质硅酸盐水泥　　D.硅酸盐水泥

E.普通硅酸盐水泥

【答案】DE

【解析】冬期施工应采用硅酸盐水泥或普通硅酸盐水泥配制混凝土。当混凝土掺用防冻剂时，其试配强度应较设计强度提高一个等级。

专题练习

【案例1】

某公司承建一座城市桥梁工程，该桥跨越山区季节性流水沟谷，上部结构为三跨式钢筋混凝土结构，重力式U形桥台，基础均采用扩大基础，桥面铺装自下而上为厚8cm的钢筋混凝土整平层+防水层+粘层+厚7cm沥青混凝土面层；桥面设计高程为99.630m。桥梁立面布置如图2-1所示。

项目部编制的施工方案有如下内容：

（1）根据该桥结构特点，施工时，在墩柱与上部结构衔接处（即梁底曲面变弯处）设置施工缝。

（2）上部结构采用碗扣式钢管满堂支架施工方案。根据现场地形特点及施工便道布置情况，采用杂土

对沟谷一次性进行回填，回填后经整平碾压，场地高程为90.180m，并在其上进行支架搭设施工，支架立柱放置于20cm×20cm的楞木上，支架搭设完成后采用土袋进行堆载预压。

支架搭设完成后，项目部立即按施工方案要求的预压荷载对支架采用土袋进行堆载预压，期间遇较长时间大雨，场地积水。项目部对支架预压情况进行连续监测，数据显示各点的沉降量均超过规范规定，导致预压失败。此后，项目部采取了相应整改措施，并严格按规范规定，重新开展支架施工与预压工作。

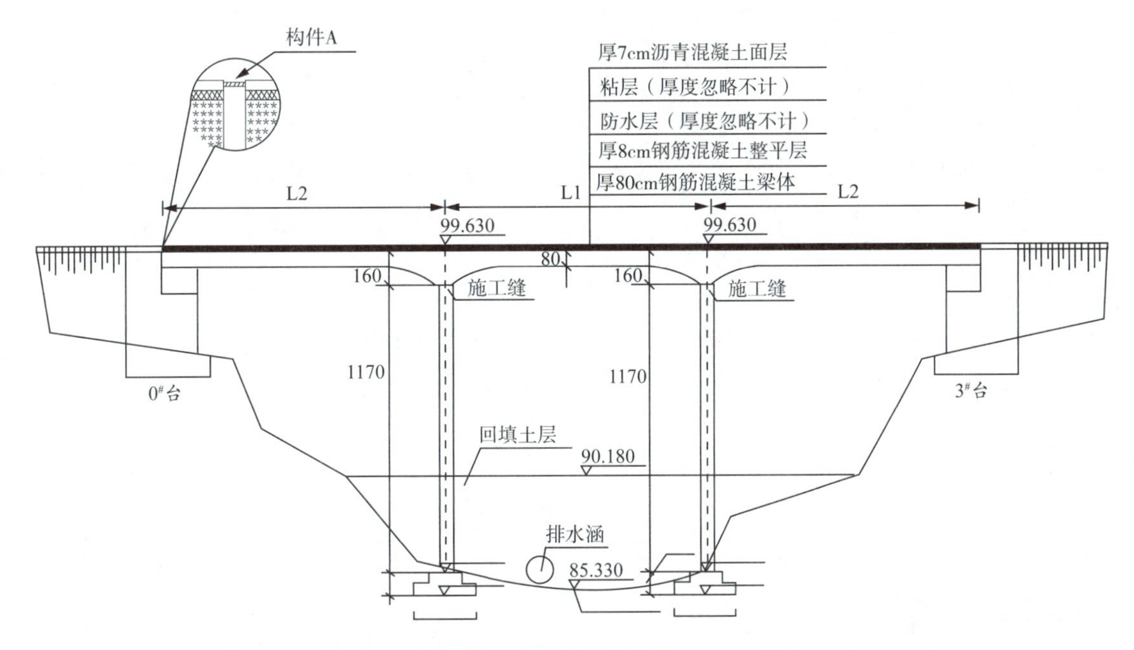

图2-1　桥梁立面布置示意图（高程单位：m；尺寸单位：cm）

【问题】

1.写出图2-1中构件A的名称。

2.根据图2-1判断，按桥梁结构特点，该桥梁属于哪种类型？简述该类型桥梁的主要受力特点。

3.施工方案（1）中，在浇筑桥梁上部结构时，施工缝如何处理？

4.根据施工方案（2），列式计算桥梁上部结构施工应搭设满堂支架的最大高度；根据计算结果，该支架施工方案是否需要组织专家论证？请说明理由。

5.试分析项目部支架预压失败的可能原因。

6.项目部应采取哪些措施才能顺利使支架预压成功？

答题区

参考答案

1.伸缩装置。

2.刚架桥。

受力特点：梁和柱的连接处具有很大的刚性，在竖向荷载作用下，梁部主要受弯，而在柱脚处也具有水平反力。

3.凿毛、清洗湿润但不得有积水，浇筑同配合比水泥砂浆。

4. 99.63-0.07-0.08-0.8-90.18=8.5（m）。

理由：根据《住房城乡建设部办公厅关于实施〈危险性较大的分部分项工程安全管理规定〉有关问题的通知》（建办质〔2018〕31号）的规定，支架超过8米属于超过一定规模的危险性较大的分部分项工程范围，且需要专家论证。

5.（1）采用杂土回填，回填土压实度不满足设计要求，造成支架基础过大沉降。

（2）最大回填厚度=90.18-85.33=4.85（m），采用一次性回填并碾压，支架基础下部土体无法碾压密实，基础后续沉降过大。

（3）雨水渗入支架地基，没有有效的排水措施，造成支架地基承载力下降。

（4）堆载预压没有分级进行，造成支架出现应力变形。

（5）地基预压未合格就进行支架的搭设。

6.（1）采用符合设计或规范要求的材料回填。

（2）分层回填，分层压实，压实度符合设计及规范要求，管涵两侧采用中粗砂回填。

（3）支架地基应有横坡，两侧设排水沟，防止雨水及养护用水浸泡地基，地基处理完成后，应对支架基础进行预压，支架基础预压合格，才能进行支架搭设。

（4）预压加载按最大施工荷载的60%、80%、100%分三次加载，加载时对称、分层进行。

【考向预测】本题考查的是模板、支架和拱架的制作与安装。本题是支架、模板的一道典型例题，在备考过程中，对于支架、模板这一章内容，应当以整个支架施工流程为基础框架进行学习，因为本身支架施工流程可以考核案例题的排序、改错，同时也有助于分析问题，例如本题中，如何使支架预压成功，支架在搭设之前地基应当预压合格。如果没有掌握施工流程，这些分就很难拿到。

【案例2】

某公司承建一座城市桥梁工程，双向四车道，桥跨布置为4联×（5×20m），上部结构为预应力混凝土空心板，横断面布置空心板共24片。桥墩构造横断面如图2-2所示。空心板中板的预应力钢绞线设计有N1、N2两种形式，均由同规格的单根钢绞线索组成，空心板中板构造及钢绞线索布置如图2-3所示。

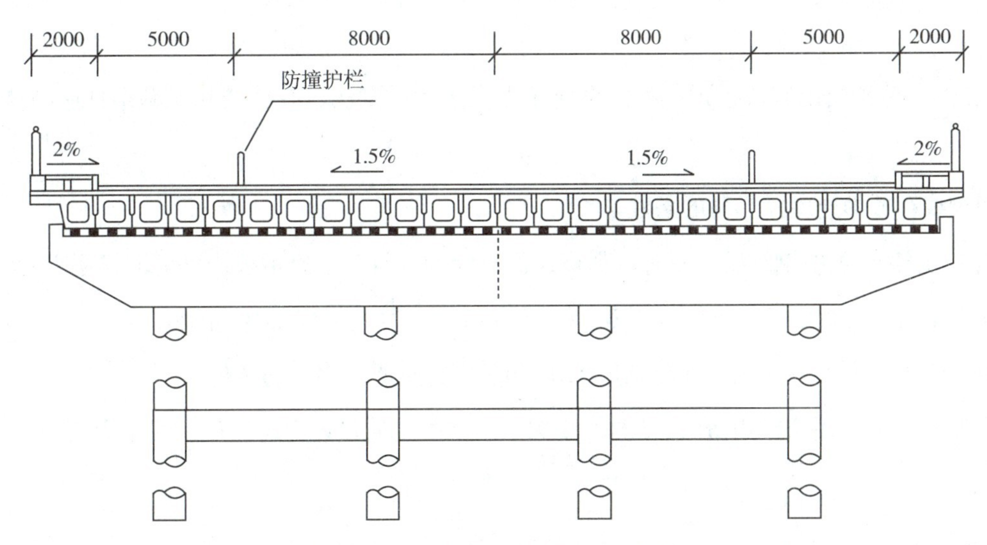

图2-2 桥墩构造横断面示意图（尺寸单位：mm）

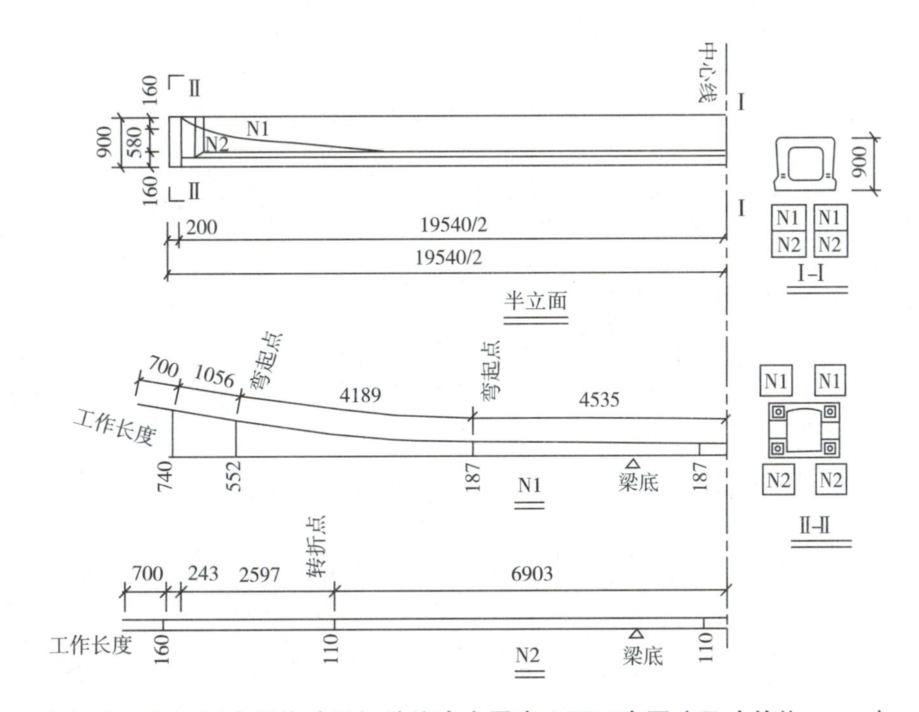

图2-3 空心板中板构造及钢绞线索布置半立面示意图（尺寸单位：mm）

项目部编制的空心板专项施工方案有如下内容：

（1）钢绞线采购进场时，材料员对钢绞线的包装、标志等资料进行查验，合格后入库存放。随后，项目部组织开展钢绞线见证取样送检工作，检测项目包括表面质量等。

（2）计算汇总空心板预应力钢绞线用量。

（3）空心板预制侧模和芯模均采用定型钢模板，混凝土浇筑完成后及时组织对侧模及芯模进行拆除，以便最大程度地满足空心板预制进度。

（4）空心板浇筑混凝土施工时，项目部对混凝土拌合物进行质量控制，分别在混凝土拌合站和预制厂浇筑地点随机取样检测混凝土拌合物的坍落度，其值分别为A和B，并对坍落度测值进行评定。

【问题】

1.结合图2-3，分别指出空心板预应力体系属于先张法和后张法、有粘结和无粘结预应力体系中的哪种体系？

2.指出钢绞线存放的仓库需具备的条件。

3.补充施工方案（1）中钢绞线入库时材料员还需查验的资料；指出钢绞线见证取样还需检测的项目。

4.列示计算全桥空心板中板的钢绞线用量。（单位：m，计算结果保留3位小数）

5.分别指出施工方案（3）中空心板预制时侧模和芯模拆除所需满足的条件。

6.指出施工方案（4）中坍落度值*A*、*B*的大小关系。混凝土质量评定时应使用哪个数值？

答题区

参考答案

1.空心板预应力体系属于后张法、有粘结体系。

【考向预测】本题考查的是预应力混凝土施工技术，在备考过程中，预应力混凝土施工技术既是难点也是重点。关于先张法和后张法工艺的区分，本质上是考核对工法的理解，先张法和后张法的区别主要包括：（1）先张法多为预制构件，后张法多为现浇构件。（2）只有后张法有安装预应力筋管道、孔道压浆和封锚这几步工序。（3）先张法张拉预应力筋均为直线，后张法张拉预应力筋可以为曲线或直线。（4）先张法有固定横梁和活动横梁，后张法没有。

2.仓库必须干燥、防潮、通风良好、无腐蚀气体和介质。

3.（1）钢绞线入库时材料员还需查验：质量证明文件（合格证）、规格。

（2）见证取样还需检测：直径偏差检查、力学性能试验（抗拉强度、伸长率、弹性模量、截面积、应力松弛性能）等。

4.（1）单片空心板中板中：

N1钢绞线长度=（700+1056+4189+4535）mm×2×2=41.920（m）

N2钢绞线长度=（700+243+2597+6903）mm×2×2=41.772（m）

（2）每跨有22片中板，全桥共4×5=20（跨）；全桥中板数量=4×5×22=440（片）。

（3）全桥空心板中板的钢绞线用量=（41.92+41.772）×440=36824.480（m）。

5.侧模拆除条件：混凝土强度能保证结构棱角不损坏时方可拆除，宜为2.5MPa及以上。

芯模拆除条件：混凝土强度能保证构件（顶板/结构）不变形（坍塌、沉陷等）时拆除。

6.A大于B。混凝土质量评定时应使用B（以浇筑地点测值为准）。

【案例3】

某公司承建一座城市桥梁，该桥上部结构为6×20m简支预制预应力混凝土空心板梁，每跨设置边梁2片，中梁24片；下部结构为盖梁及ϕ1000mm圆柱式墩，重力式U形桥台，基础均采用ϕ1200mm钢筋混凝土钻孔灌注桩。桥墩构造如图2-4所示。

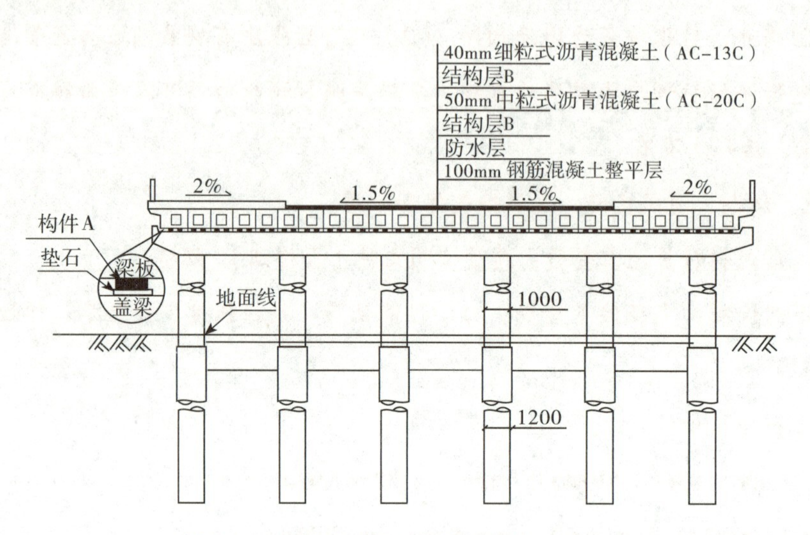

图2-4　桥墩构造示意图（单位：mm）

开工前，项目部对该桥划分了相应的分部、分项工程和检验批，作为施工质量检查、验收的基础。划分后的分部（子分部）、分项工程及检验批对照表如表2-3。

表2-3　桥梁分部（子分部）、分项工程及检验批对照表（节选）

序号	分部工程	子分部工程	分项工程	检验批
1	地基与基础	灌注桩	机械成孔	54（根桩）
			钢筋笼制作与安装	54（根桩）
			C	54（根桩）
		承台	…	…
2	墩台	现浇混凝土墩台	…	…
		台背填土	…	…
3	盖梁		D	E
			钢筋	E
			混凝土	E
…	…	…	…	…

工程完工后，项目部立即向当地工程质量监督机构申请工程竣工验收，该申请未被受理，此后，项目部按照工程竣工验收规定对工程进行全面检查和整修，确认工程符合竣工验收条件后，重新申请工程竣工验收。

【问题】

1.写出图2-4中构件A和桥面铺装结构层B的名称，并说明构件A在桥梁结构中的作用。

2.列式计算图2-4中构件A在桥梁中的总数量。

3.写出表2-3中C、D和E的内容。

4.施工单位应向哪个单位申请工程的竣工验收?

5.工程完工后，施工单位在申请工程竣工验收前应做好哪些工作?

答题区

参考答案

1.构件A：桥梁支座；结构B：粘层油。

支座作用：支座是在桥跨结构与桥墩或桥台的支承处所设置的传力装置。它不仅要传递很大的荷载，并且还要保证桥跨结构能产生一定的变位。

2.共6跨梁，每跨有24+2=26（片）箱梁，每个箱梁一端有2个支座（共4个支座），那么总共有26×4×6=624（个）支座。

3.C：混凝土灌注；D：模板与支架；E：5个（承台）。

【考向预测】本题考查的是桥梁支座施工技术。本题的难点在于支座数量的计算，本质上是考核对桥梁结构形式的理解。第一，常用的三种梁板，T梁、板梁、箱梁，一片T梁一端一个支座，共2个，板梁和箱梁都是一边2个，一共4个。第二，简支梁，相邻两跨梁板之间不共用支座，一共4跨，每跨假设10片T梁板，支座数量就是2×10×4=80（个）。如果是连续梁桥，两跨为一联，同一联内，相邻两跨之间共用一个支座，但是联与联之间不共用支座，每跨仍为10片T梁板，那么支座数量就是3×10×2=60（个）。

4.施工单位向建设单位提交工程竣工报告，申请工程竣工验收。

5.工程完工后，施工单位应自行组织有关人员进行检查评定，总监理工程师应组织专业监理工程师对工程质量进行竣工预验收，对存在的问题，应有施工单位及时整改。整改完毕后，由施工单位向建设单位提交工程竣工报告，申请工程竣工验收。

【案例4】

某公司承建一座跨河城市桥梁，基础均采用ϕ1500mm钢筋混凝土钻孔灌注桩，设计为端承桩，桩底嵌入中风化岩层2D（D为桩基直径）。桩顶采用盖梁连接，盖梁高度为1200mm，顶面标高为20.000m。河床地基揭示依次为淤泥、淤泥质黏土、黏土、泥岩、强风化岩、中风化岩。

项目部编制的桩基施工方案明确如下内容：

（1）下部结构施工采用水上作业平台施工方案，水上作业平台结构为ϕ600mm钢管桩+型钢+人字钢板搭设，水上作业平台如图2-5所示。

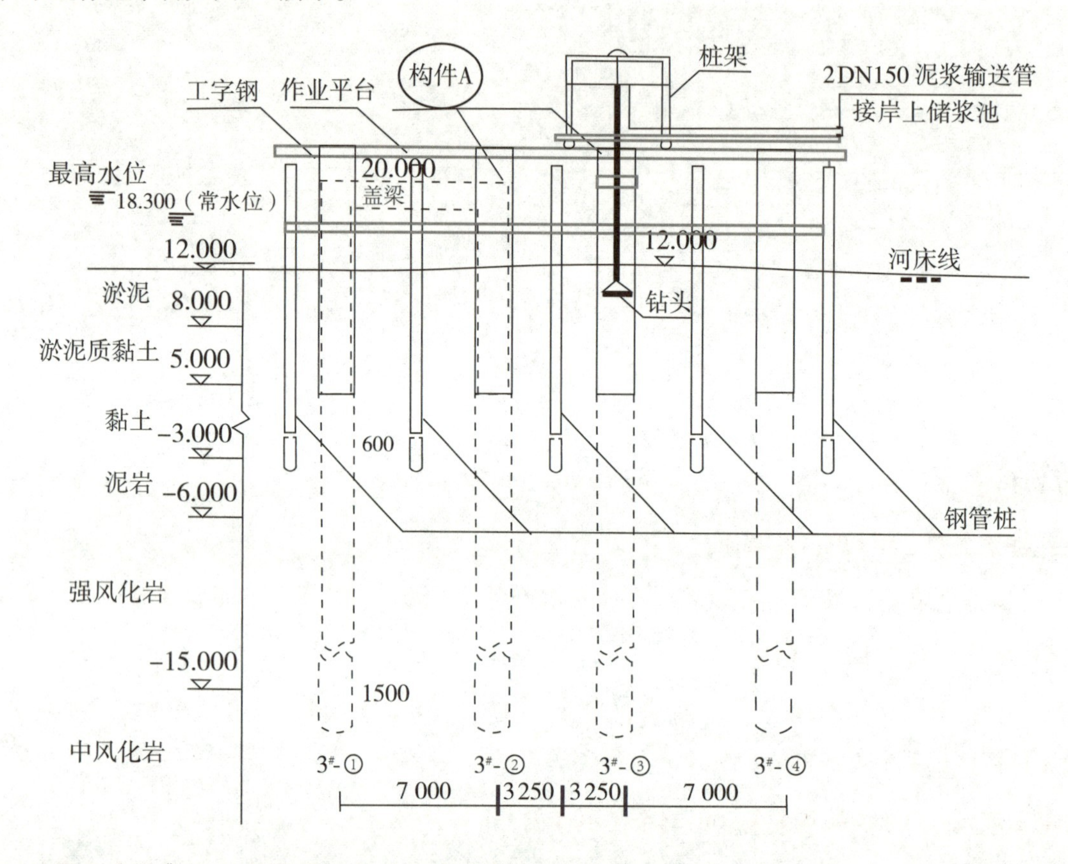

图2-5　3#墩水上作业平台及桩基施工横断面布置示意图（标高单位：m；尺寸单位：mm）

（2）根据桩基设计类型及桥位、水文、地质等情况，设备选用“2000型”正循环回旋钻孔施工（另配牙轮钻头等），成桩方式未定。

（3）图2-5中构件A名称和使用的相关规定。

（4）由于设计对孔底沉渣厚度未做具体要求，灌注混凝土前，进行二次清孔，当孔底沉渣厚度满足规范后，开始灌注水下混凝土。

【问题】

1.结合背景资料及图2-5，指出水上作业平台应设置哪些安全设施。

2.施工方案（2）中，指出项目部选择钻机类型的理由及成桩方式。

3.施工方案（3）中，所指构件A的名称是什么？构件A施工时需使用哪些机械组合？构件A应高出施工水位多少米？

4.结合背景资料及图2-5，列式计算3#-①桩的桩长。

5.施工方案（4）中，指出孔底沉渣厚度的最大允许值。

答题区

参考答案

1.安全警示标志、警示灯，安全护栏，安全网，救生设备，防冲撞设施，防触电设施。

2.（1）理由：①地质情况适用。常规正循环钻机施工只可钻软岩，而牙轮钻头的配置可让它在强风化岩层和中风化岩层中效率提升。②技术经济性合理。比冲击钻速度快，比旋挖钻成本低。③正循环应用范围广，护壁效果好，成孔稳定性好，无振动噪声。

（2）成桩方式：泥浆护壁成孔。

3.（1）护筒。

（2）施工机械：汽车吊、振动锤。

（3）护筒宜高出施工水位2m。

4.桩顶标高：20.000−1.2=18.8（m）；

桩底标高：−15.000−1.5×2=−18.000（m）；

3#-①的桩长：18.8−（−18.000）=36.8（m）。

5.孔底沉渣厚度的最大允许值为100mm。

【案例5】

某公司中标承建该市城郊结合部交通改扩建高架工程，该高架工程结构为现浇预应力钢筋混凝土连续箱梁，桥梁底板距地面高15m，宽17.5m，主线长720m，桥梁中心轴线位于既有道路边线。在既有道路中线附近有埋深1.5m的现状DN500自来水管道和光纤线缆。平面布置如图2-6所示。高架桥横跨132m鱼塘和菜地。设计跨径组合为41.5m+49m+41.5m，其余为标准联。跨径组合为（28+28+28）m×7联。支架法施工，下部结构为：H型墩身下设10.5m×6.5m×3.3m承台（埋深在光纤线缆下0.5m），承台下设有直径1.2m，深18m的人工挖孔灌注桩。

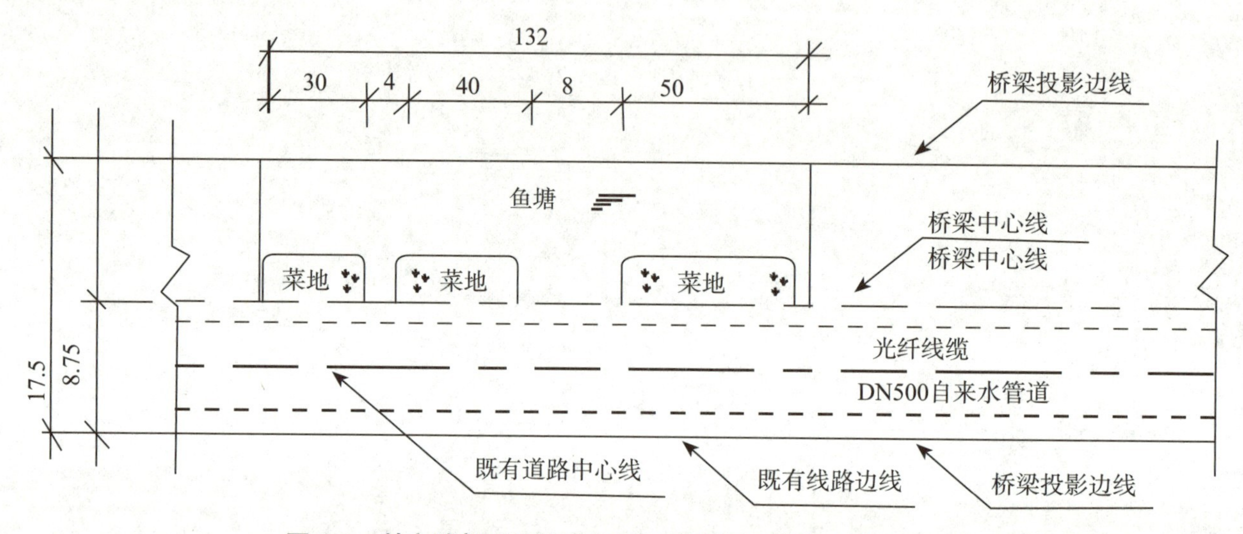

图2-6　某市城郊改扩建高架桥平面布置示意图（单位：m）

项目部进场后编制的施工组织设计提出了“支架地基基础加固处理”和“满堂支架设计”两个专项方案，在“支架地基基础加固处理”专项方案中，项目部认为在支架地基预压时的荷载应是不小于支架地基承受的混凝土结构物恒载的1.2倍即可，并根据相关规定组织召开了专家论证会，邀请了含本项目技术负责人在内的四位专家对方案内容进行了论证。专项方案经论证后，专家组提出了应补充该工程上部结构施工流程及支架地基预压荷载验算需修改完善的指导意见。项目部未按专家组要求补充该工程上部结构施工流程和支架地基预压荷载验算，只将其他少量问题做了修改，上报项目总监和建设单位项目负责人审批时未能通过。

【问题】

1.写出该工程上部结构施工流程。（自箱梁钢筋验收完成到落架结束，混凝土架用一次浇筑法）

2.编写“支架地基基础加固处理”专项方案时，要考虑的主要因素是什么？

3.“支架地基基础加固处理”后的合格判断标准是什么？

4.项目部在支架地基预压方案中，还有哪些因素应进入预压荷载计算？

5.该项目中除了“DN500自来水管道，光纤线缆保护方案”和“预应力张拉专项方案”以外还有哪些内容属于“危险性较大的分部分项工程”范围却未上报专项方案，请补充。

6.项目部邀请了含本项目技术负责人在内的四位专家对两个专项方案进行论证的结果是否有效？如无效，请说明理由并写出正确做法。

答题区

参考答案

1.钢筋验收完成→预应力管道、预埋件安装及验收→模板支架浇筑前检查→浇筑混凝土→养护→拆除侧模及内模→穿束预应力筋→预应力张拉→孔道压浆→封锚→浇筑人孔→拆除底模及支架。

2.（1）模板支架高度15m，跨度达到49m，属于超过一定规模的危险性较大的分部分项工程，桥梁上部结构和支架体系需要较大的地基承载力；

（2）现况支架地基位置一边为既有道路，要考虑自来水管道和光纤线缆的管线保护措施；

（3）另一边为鱼塘和菜地，要加固提高强度和承载力；

（4）消除两边的不均匀沉降。

3.标准一：地基承载力能够满足相关规范和专项方案计算要求；不会使既有管线产生过大变形或破坏；既有道路处理与鱼塘菜地处理不会产生不均匀沉降；处理长度、宽度满足支架施工要求。

标准二：24h沉降量小于1mm，72h小于5mm。

4.模板、支架的自重，新浇筑混凝土自重，施工人员及施工材料机具等行走运输或堆放的荷载，混凝土对模板振捣和冲击的荷载，其他可能产生的荷载。

5.承台基坑土方开挖，支护，降水工程，模板支撑工程，起重吊装工程，人工挖孔桩。

6.论证结果无效。

（1）项目技术负责人作为专家进行论证做法错误，本项目参建各方不得以专家身份参与论证。

（2）四位专家组成员人数组成错误，应由5名以上单数组成。

（3）专家论证程序有误，专项方案经过专家论证通过后，应根据论证结果修改完善，经施工单位企业技术负责人审批签字后报总监和建设单位项目负责人签字后实施。

【案例6】

某公司承建一座城市互通工程，工程内容包括：①主线跨线桥（Ⅰ、Ⅱ）；②左匝道跨线桥；③左匝道一；④右匝道一；⑤右匝道二等五个子单位工程。平面布置如图2-7所示。两座跨线桥均为预应力混凝土连续箱梁桥，其余匝道均为道路工程。主线跨线桥跨越左匝道一；左匝道跨线桥跨越左匝道一及主线跨线桥；左匝道一为半挖半填路基工程，挖方除就地利用外，剩余土方用于右匝道一；右匝道一采用混凝土挡墙路堤工程，欠方需外购解决；右匝道二为利用原有道路路面局部改造工程。

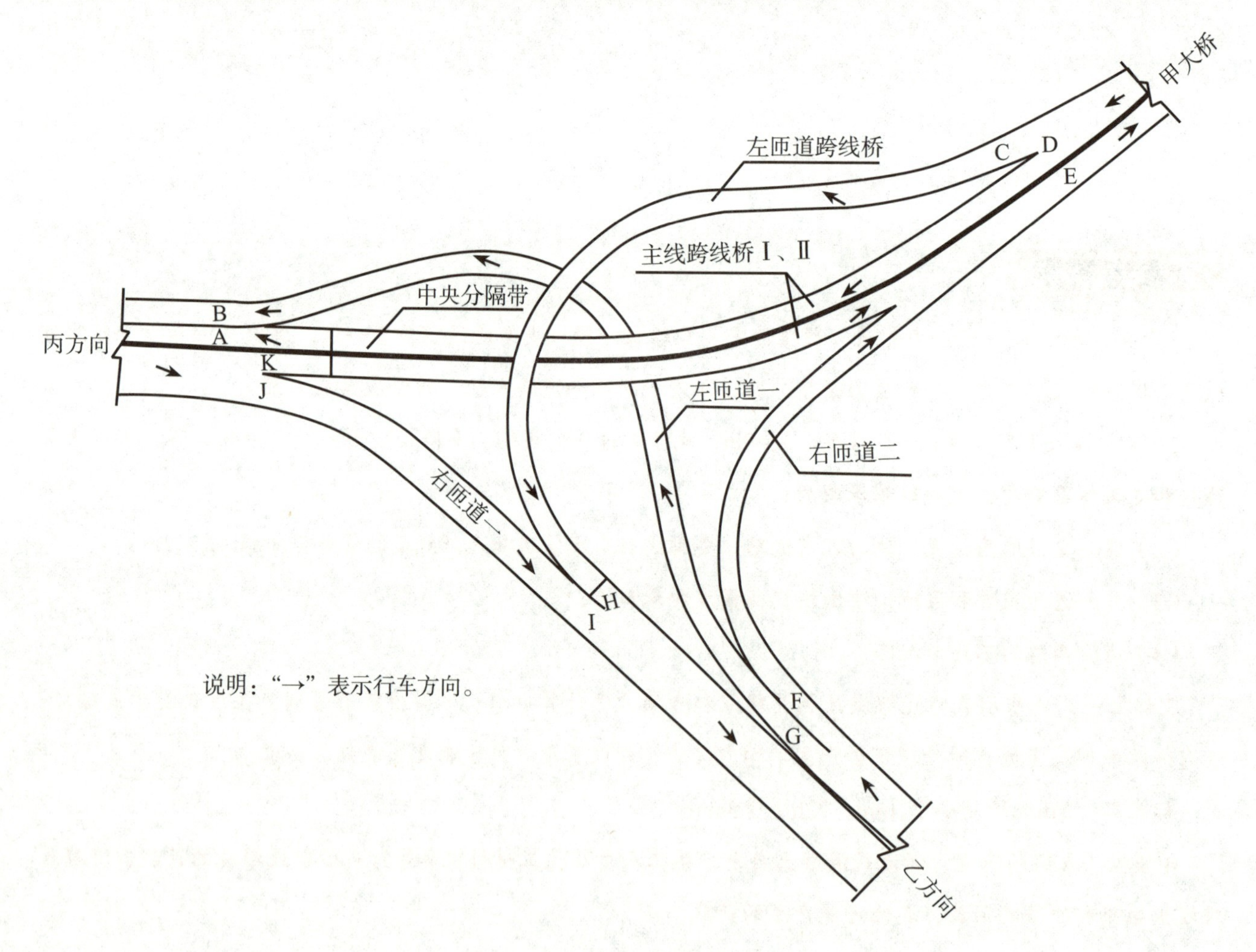

图2-7 互通工程平面布置示意图

主线跨线桥Ⅰ的第2联为（30m+48m+30m）预应力混凝土连续箱梁，其预应力张拉端钢绞线束横断面布置如图2-8所示。预应力钢绞线采用公称直径ϕ15.2mm高强低松弛钢绞线，每根钢绞线由7根钢丝捻制而

成。代号S22的钢绞线束由15根钢绞线组成，其在箱梁内的管道长度为108.2m。

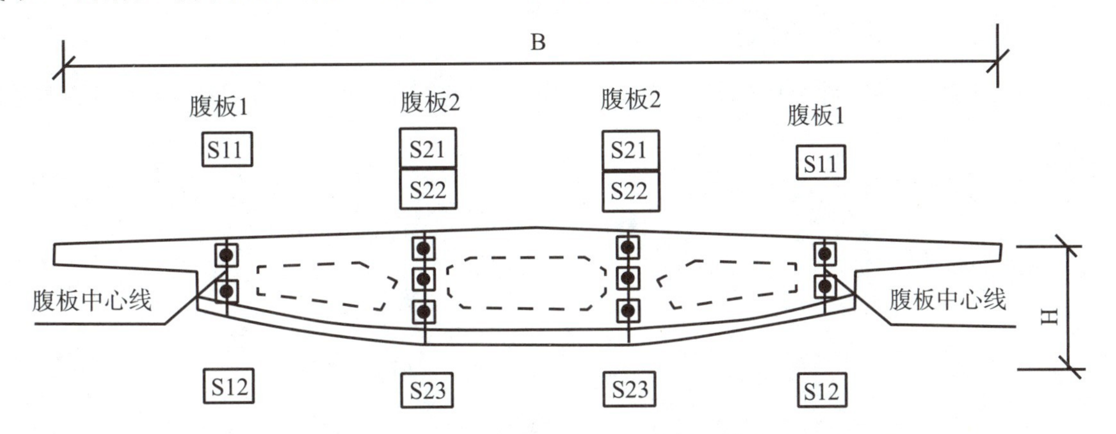

图2-8　主线跨线桥Ⅰ第2联箱梁预应力张拉端钢绞线束横断面布置示意图

由于工程位于城市交通主干道，交通繁忙，交通组织难度大，因此，建设单位对施工单位提出总体施工要求如下：

（1）总体施工组织设计安排应本着先易后难的原则，逐步实现互通的各向交通通行任务；

（2）施工期间应尽量减少对交通的干扰，优先考虑主线交通通行。

根据工程特点，施工单位编制的总体施工组织设计中，除了按照建设单位的要求确定了五个子单位工程的开工和完工的时间顺序外，还制定了如下事宜：

事项一，为限制超高车辆通行，主线跨线桥和左匝道跨线桥施工期间，在相应的道路上设置车辆通行限高门架，其设置位置选择在图2-7中所示的A～K的道路横断面处。

事项二，两座跨线桥施工均在跨越道路的位置采用钢管-型钢（贝雷桁架）组合门式支架方案，并采取了安全防护措施。

事项三，编制了主线跨线桥Ⅰ的第2联箱梁预应力的施工方案，内容如下：

（1）该预应力管道的竖向布置为曲线形式，确定了排气孔和排水孔在管道中的位置；

（2）预应力钢绞线的张拉采用两端张拉方式；

（3）确定了预应力钢绞线张拉顺序的原则和各钢绞线束的张拉顺序；

（4）确定了预应力钢绞线张拉的工作长度为100cm，并计算了钢绞线的用量。

【问题】

1.写出五个子单位工程符合交通通行条件的先后顺序。（用背景资料中各个子单位工程的代号“①～⑤”及“→”表示）

2.事项一中，主线跨线桥和左匝道跨线桥施工期间应分别在哪些位置设置限高门架？（用图2-7中所示的道路横断面的代号“A ～K”表示）

3.事项二中，两座跨线桥施工时应设置多少座组合门式支架？指出组合门式支架应采取哪些安全防护措施。

4.事项三中，预应力管道的排气孔和排水孔应分别设置在管道的哪些位置？

5.事项三中，写出预应力钢绞线张拉顺序的原则，并给出图2-8中各钢绞线束的张拉顺序。（用图2-8中所示的钢绞线束的代号“S11～S23”及“→”表示）

6.事项三中，结合背景资料，列式计算图2-8中代号为S22的所有钢绞线束需用多少米钢绞线制作而成。

答题区

参考答案

1.⑤→③→④→①→②

2.D、G、K三处位置设置。

（主线G，左匝道DK，G不用设置，因为左匝道在主线上面，就低不就高）

3.三座。应采取的安全防护措施：门架防撞护桩，安全警示标志，夜间警示灯，安全网，安全护栏。

4.预应力管道中波峰位置（最高点）设置排气孔，波谷位置（最低点）设置排水孔。

5.原则：分批、分阶段对称张拉，先中间，后上、下或两侧进行张拉。

张拉顺序：S22→S21→S23→S11→S12。

6.（108.2+2×1）×15×2=3306（m）。

【案例7】

某公司承建一座城市桥梁工程，双向六车道，桥面宽度36.5m，主桥设计为T形刚构，跨径组合为50m+100m+50m，上部结构采用C50预应力混凝土现浇箱梁，下部结构采用柱式钢筋混凝土墩台，基础采用ϕ200cm钢筋混凝土钻孔灌注桩。桥梁立面构造如图2-9所示。

项目部编制的施工组织设计有如下内容：上部结构采用搭设满堂式钢支架施工方案；将上部结构箱梁划分为①②③④⑤等五种节段，⑤节段为合龙段，长度2m，确定了施工顺序。上部结构箱梁节段划分如图2-9所示。

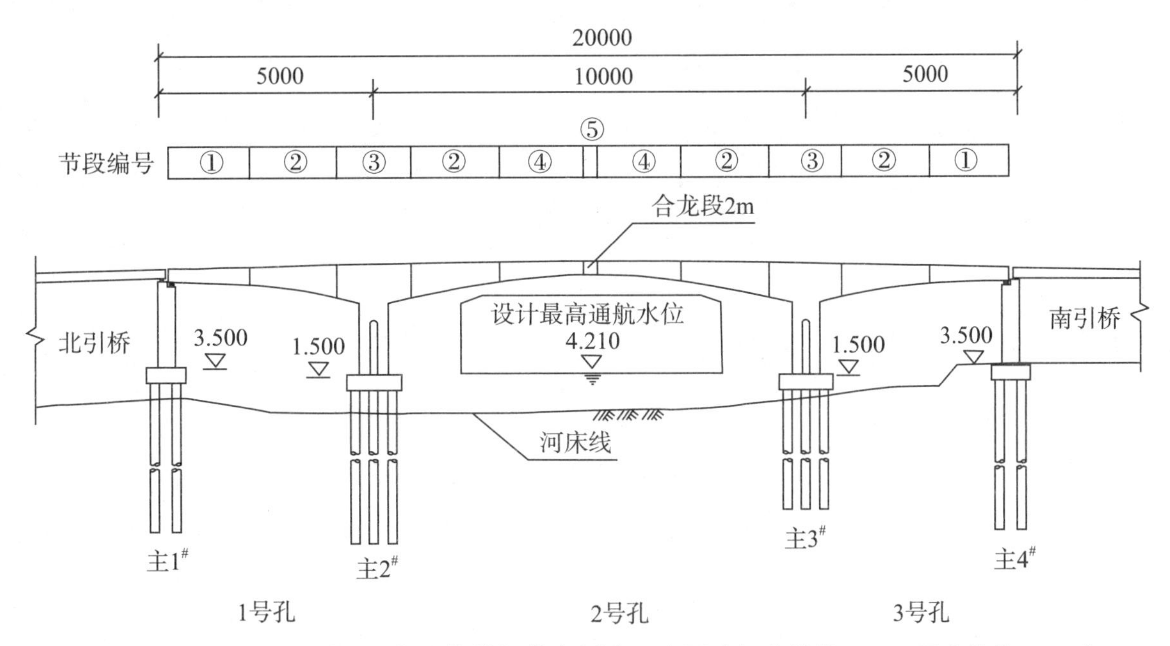

图2-9 桥梁立面构造及上部结构箱梁节段划分示意图（标高单位：m；尺寸单位：cm）

施工过程中发生如下事件：

事件一：施工前，项目部派专人联系相关行政主管部门办理施工占用审批许可。

事件二：施工过程中，受主河道的影响及通航需求，项目部取消了原施工组织设计中上部结构箱梁②④⑤节段的满堂式钢支架施工方案，重新变更了施工方案，并重新组织召开专项施工方案专家论证会。

事件三：施工期间，河道通航不中断，箱梁施工时，为防止高空作业对桥下通航的影响，项目部按照施工安全管理相关规定，在高空作业平台上采取了安全防护措施。

事件四：合龙段施工前，项目部在箱梁④节段的悬臂端预加压重，并在浇筑混凝土过程中逐步撤除。

【问题】

1.事件一中相关行政主管部门有哪些？

2.事件二中，写出施工方案变更后的上部结构箱梁施工顺序。（用图中的编号“①～⑤”及“→”表示）

3.事件二中，指出施工方案变更后上部结构箱梁适宜的施工方法。

4.上部结构施工时，哪些危险性较大的分部分项工程需要组织专家论证？

5.事件三中，分别指出箱梁施工时高空作业平台及作业人员应采取哪些安全防护措施。

6.指出事件四中预加压重的作用。

答题区

参考答案

1.水利行政主管部门、航道交通管理部门、公安交通管理部门、市政工程行政主管部门、环境保护部门。

2.③→②→①→④→⑤

3.悬臂浇筑法。

4.模板支撑工程、起重吊装工程、挂篮安装及拆除。

【考向预测】本题考查的是超过一定规模的危险性较大的分部分项工程的范围。本题具有很强的代表性。在市政案例考题中，常给出项目的背景信息，让考生结合案例背景分析哪些危险性较大的分部分项工程需要组织专家论证，对于这类题目，最稳妥的答题技巧是在草稿纸上默写出超过一定规模的危险性较大的分部分项工程的范围，再挨个分析案例背景中是否涉及。

5.平台：安全护栏/防护栏杆、安全网、警示灯、警示标志。

人员：安全帽、防滑鞋、安全带、救生衣。

【考向预测】本题考查的是高处坠落事故预防措施。本题目具有通用性，且在市政考试中曾多次考核，需要重点掌握并记忆。

6.使悬臂端挠度保持稳定。

【案例8】

某公司承建一座城市快速路跨河桥梁，该桥由主桥、南引桥和北引桥组成，分东、西双幅分离式结构，主桥中跨下为通航航道，施工期间航道不中断。主桥的上部结构采用三跨式预应力混凝土连续刚构，跨径组合为75m+120m+75m；南、北引桥的上部结构均采用等截面预应力混凝土连续箱梁，跨径组合为（30m×3）×5；下部结构墩柱基础采用混凝土钻孔灌注桩，重力式U形桥台；桥面系护栏采用钢筋混凝土防撞护栏；桥宽35m，横断面布置采用0.5m（护栏）+15m（车行道）+0.5m（护栏）+3m（中分带）+0.5m（护栏）+15m（车行道）+0.5m（护栏）；河床地质自上而下为厚3m淤泥质黏土层、厚5m砂土层、厚2m砂层、厚6m卵砾石层等；河道最高水位（含浪高）高程为19.5m，水流流速为1.8m/s。桥梁立面布置如图2-10所示：

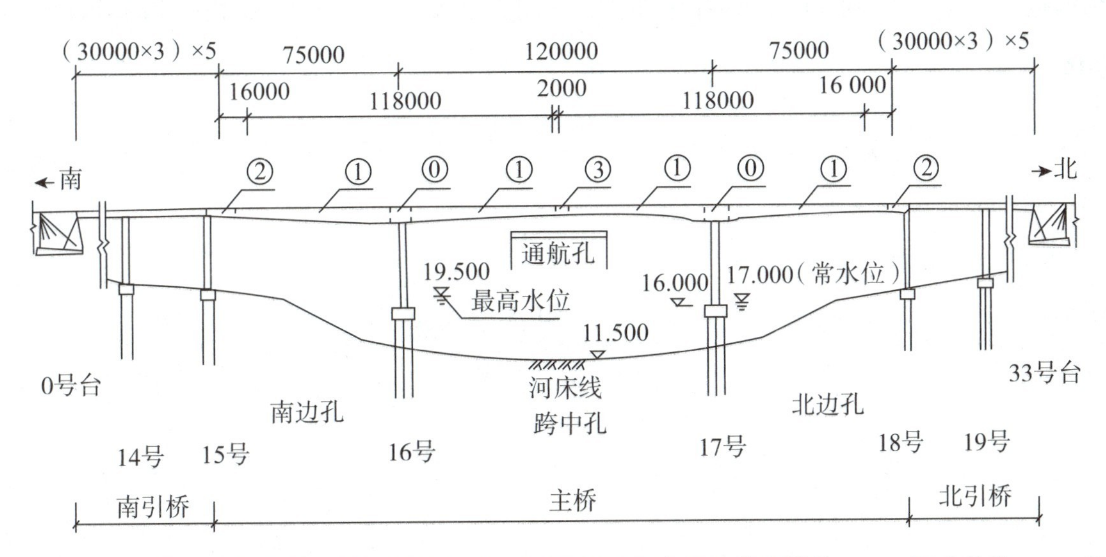

图2-10　桥梁立面布置及主桥上部结构施工区段划分示意图（高程单位：m；尺寸单位：mm）

项目部编制的施工方案有如下内容：

（1）根据主桥结构特点及河道通航要求，拟定主桥上部结构的施工方案，为满足施工进度计划要求，施工时将主桥上部结构划分成⓪、①、②、③等施工区段，其中，施工区段⓪的长度为14m，施工区段①每段施工长度为4m，采用同步对称施工原则组织施工，主桥上部结构施工区段划分如图2-10所示。

（2）由于河道有通航要求，在通航孔施工期间采取安全防护措施，确保通航安全。

（3）根据桥位地质、水文、环境保护、通航要求等情况，拟定主桥水中承台的围堰施工方案，并确定了围堰的顶面高程。

（4）防撞护栏施工进度计划安排：拟组织2个施工组同步开展施工，每个施工班组投入1套钢模板，每套钢模板长91m，每套钢模板的施工周转效率为3天。施工时，钢模板两端各0.5m作为导向模板使用。

【问题】

1.列式计算该桥多孔跨径总长；根据计算结果指出该桥所属的桥梁分类。

2.施工方案（1）中，分别写出主桥上部结构连续刚构及施工区段②最适宜的施工方法；列式计算主桥16号墩上部结构的施工次数（施工区段③除外）。

3.结合图2-10及施工方案（1），指出主桥“南边孔、跨中孔、北边孔”先后合龙的顺序（用“南边孔、跨中孔、北边孔”及“→”作答；当同时施工时，请将相应名称并列排列）；指出施工区段③的施工时间应选择一天中的什么时候进行。

4.施工方案（2）中，在通航孔施工期间应采取哪些安全防护措施？

5.施工方案（3）中，指出主桥第16、17号墩承台施工最适宜的围堰类型；围堰高程至少应为多少米？

6.依据施工方案（4），列式计算防撞护栏的施工时间。（忽略伸缩缝位置对护栏占用的影响）

答题区

参考答案

1.多孔跨径总长：75+120+75+30×3×5×2=1170（m）；该桥为特大桥。

2.（1）施工区段⓪：托架法（膺架法）。

施工区段①：挂篮法（悬臂浇筑）。

施工区段②：支架法。

（2）施工区段⓪施工1次，施工区段①施工次数=（118−14）÷2÷4=13（次）；施工区段②施工1次，所以一共需要的施工次数是13+1+1=15（次）。

3.（1）合龙顺序：南边孔、北边孔→跨中孔；（2）一天中气温最低的时候进行。

4.（1）设置安全警示标志及夜间示警灯；

（2）设置限高门架、护桩等防船只、漂流物冲撞的设施；

（3）挂篮设备设置安全网（防坠网）；

（4）主梁两边应设置规范的防护栏杆及安全网。

5.（1）钢套箱（钢套筒）围堰；（2）19.5+0.5=20.0（m）。

6.每天施工速度：（91−0.5×2）×2÷3=60（m）；

护栏总长：1170×4=4680（m）；

施工时间：4680÷60=78（天）。

【案例9】

某公司承建一座城市桥梁工程。该桥上部结构为16×20m预应力混凝土空心板，每跨布置空心板30片。进场后，项目部编制了实施性总体施工组织设计，内容包括：

（1）根据现场条件和设计图纸要求，建设空心板预制场。预制台座采用槽式长线台座，横向连续设置8条预制台座，每条台座1次可预制空心板4片，预制台座构造如图2−11所示。

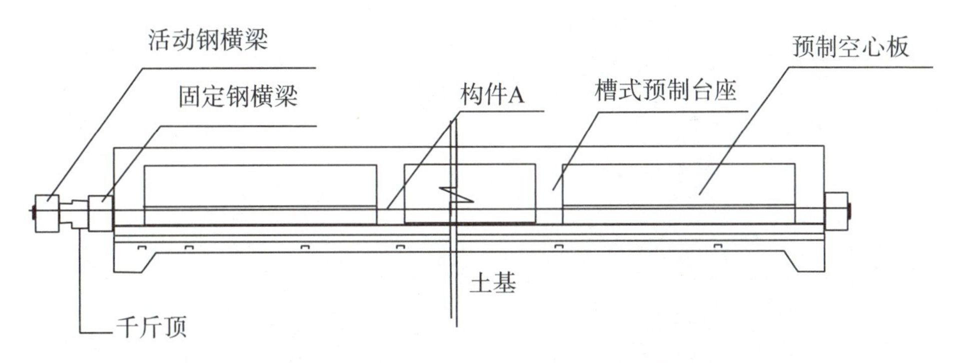

图2−11　预制台座纵断面示意图

（2）将空心板的预制工作分解成：①清理模板、台座；②涂刷隔离剂；③钢筋、钢绞线安装；④切除多余钢绞线；⑤隔离套管封堵；⑥整体放张；⑦整体张拉；⑧拆除模板；⑨安装模板；⑩浇筑混凝土；⑪养护；⑫吊运存放等12道施工工序，并确定了施工工艺流程，如图2−12所示。（注：①～⑫为各道施工工序代号）

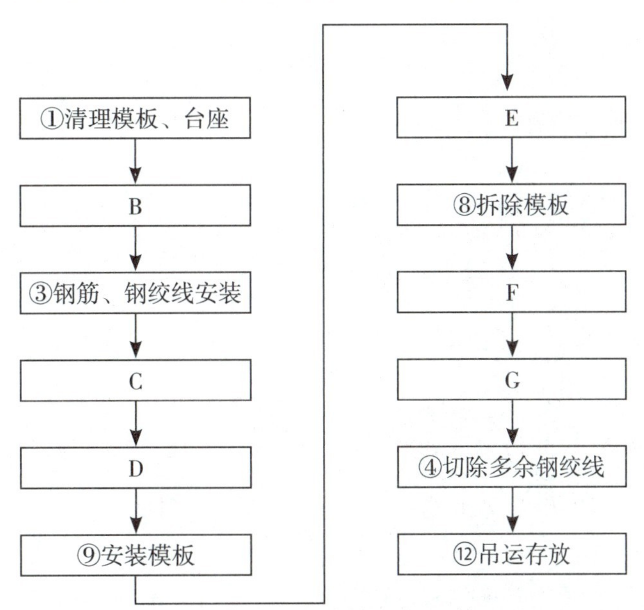

图2−12　空心板预制施工工艺流程图

（3）计划每条预制台座的生产（周转）效率平均为10天，即考虑各条台座在正常流水作业节拍的情况下，每10天每条预制台座均可生产4片空心板。

（4）依据总体进度计划，空心板预制80天后，开始进行吊装作业，吊装进度为平均每天吊装8片空心板。

【问题】

1.根据图2-11预制台座的结构型式，指出该空心板的预应力体系属于哪种型式？写出构件A的名称。

2.写出图2-12中空心板施工工艺流程框图中施工工序B、C、D、E、F、G的名称。（选用背景资料给出的施工工序①～⑫的代号或名称作答）

3.列式计算完成空心板预制所需天数。

4.空心板预制进度能否满足吊装进度的需要？请说明原因。

答题区

参考答案

1.预应力体系属于先张法预应力施工；构件A为预应力筋（钢绞线）。

2.B——②刷涂隔离剂；C——⑤隔离套管封堵；D——⑦整体张拉；E——⑩浇筑混凝土；F——⑪养护；G——⑥整体放张。

【考向预测】本题考查的是预应力混凝土施工技术。本题是一道流程排序题的典型例题，做题思路掌握两个要点，第一是用排除法，第二是掌握工艺的核心要点。例如本题，先张法的核心是先张拉后浇筑，所以张拉预应力筋在浇筑混凝土之前，而混凝土养护必然在混凝土浇筑之后，安装模板在浇筑混凝土之前，拆除模板在浇筑混凝土之后，以此思路一步一步推导并不断验证即可得出正确答案。

3.该桥梁工程共需要预制空心板30×16=480（片），按照“每10天每条预制台座可生产4片空心板”的要求，每天能预制空心板8×4=32（片），所以共需天数480÷32×10=150（天）。

4.（1）不满足吊装进度。

（2）截至第80天，预制剩余天数=150-80=70（天），吊装天数=480÷8=60（天）<70天，因此不满足。

【案例10】

某公司承建一座市政桥梁工程，桥梁上部结构为9孔30m后张法预应力混凝土T梁，桥宽横断面布置T梁12片，T梁支座中心线距梁端600mm，T梁横截面如图2-13所示。

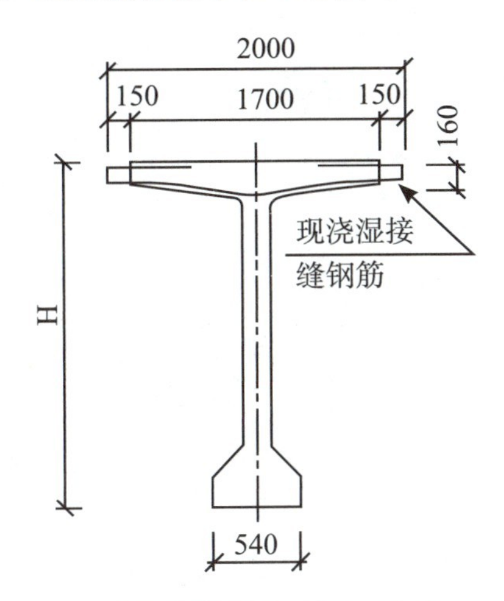

图2-13　T梁横截面示意图（单位：mm）

项目部进场后，拟在桥位线路上现有城市次干道旁租地建设T梁预制场，平面布置如图2-14所示，同时编制了预制场的建设方案：（1）混凝土采用商品混凝土；（2）预测台座数量按预制工期120天、每片梁预制占用台座时间为10天配置；（3）在T梁预制施工时，现浇湿接缝钢筋不弯折，两个相邻预制台座间要求具有宽度2m的支模及作业空间；（4）露天钢材堆场经整平碾压后表面铺砂厚50mm；（5）由于该次干道位于城市郊区，预制场用地范围采用高1.5m的松木桩挂网围护。

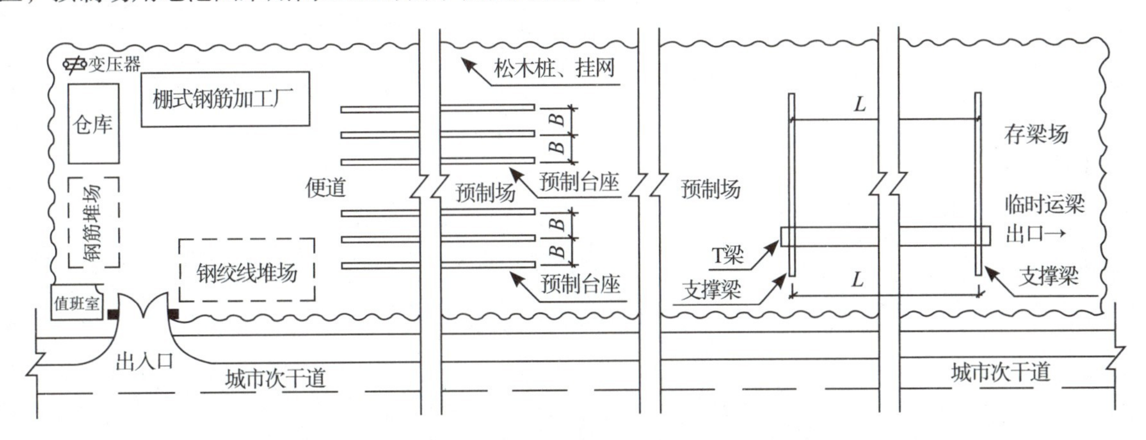

图2-14　T梁预制场平面布置示意图

监理审批预制场建设方案时，指出预制场围护不符合规定，在施工过程中发生了如下事件：

事件一：雨季导致现场堆放的钢绞线外包装腐烂破损，钢绞线堆放场处于潮湿状态；

事件二：T梁钢筋绑扎、钢绞线安装、支模等工作完成并检验合格后，项目部开始浇筑T梁混凝土，混凝土浇筑采用从一端向另一端全断面一次性浇筑完成。

【问题】

1.全桥共有T梁多少片？为完成T梁预制任务最少应设置多少个预制台座？（均需列式计算）

2.列式计算图2-14中预制台座的间距B和支撑梁的间距L。（单位以m表示）

3.给出预制场围护的正确做法。

4.事件一中的钢绞线应如何存放？

5.事件二中，T梁混凝土应如何正确浇筑？

答题区

参考答案

1.全桥共有T梁9×12=108（片）；预制台数：108×10/120=9（个）。

2.预制台座的间距B=1+2+1=4（m）；支撑梁的间距L=（30−0.6×2）=28.8（m）。

3.围护高度不应低于1.8m；应采用砌体、金属板材等硬质材料形成连续封闭围挡。

4.钢绞线应入库存放，存放的仓库应干燥、防潮、通风良好、无腐蚀气体和介质，库房地面用混凝土硬化。

如放室外，钢绞线需垫高覆盖、防腐蚀、防雨露，存放时间不超过6个月。

5.应从一端向另一端采用水平分段、斜向分层的方法浇筑。先浇筑马蹄段，后浇筑腹板，再浇筑顶板。

【案例11】

今夏某公司承建一座城市桥梁二期匝道工程，为缩短建设周期，设计采用钢-混凝土结合梁结构，跨径组合为3×（3×20）m，桥面宽度7m，横断面路幅划分为0.5m（护栏）+6m（车行道）+0.5m（护栏）。上部结构横断面上布置5片纵向H型钢梁，每跨间设置6根横向连系钢梁，形成钢梁骨架体系，桥面板采用现浇C50钢筋混凝土板；下部结构为盖梁及130cm桩柱式墩，基础采用ϕ130cm钢筋混凝土钻孔灌注桩（一期已完成）；重力式U形桥台；桥面铺装采用厚6cm SMA-13沥青混凝土。横断面如图2-15所示。

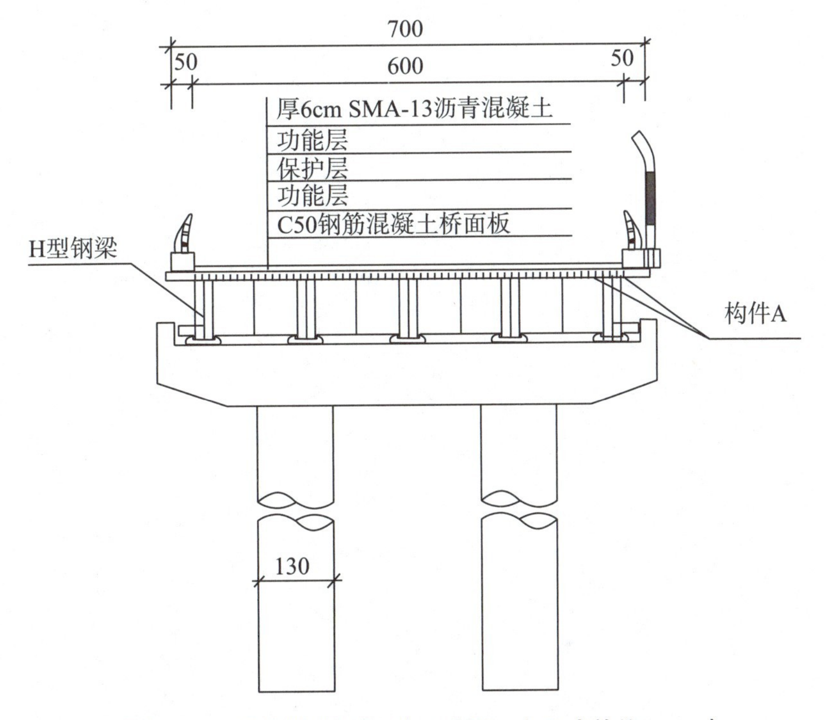

图2-15　桥梁横断面构造示意图（尺寸单位：cm）

项目部编制的施工组织设计有如下内容：

（1）将上部结构的施工工序划分为：①钢梁制作；②桥面板混凝土浇筑；③组合吊模拆除；④钢梁安装；⑤组合吊模搭设；⑥养护；⑦构件A焊接；⑧桥面板钢筋制安。施工工艺流程为：①钢梁制作→B→C→⑤组合吊模搭设→⑧桥面板钢筋制安→②桥面板混凝土浇筑→D→E。

（2）根据桥梁结构特点及季节对混凝土拌合物的凝结时间、强度形成和收缩性能等方面的需求，设计给出了符合现浇桥面板混凝土的配合比。

（3）桥面板混凝土浇筑施工按上部结构分联进行，浇筑的原则和顺序严格执行规范的相关规定。

【问题】

1.写出图2-15中构件A的名称，并说明其作用。

2.施工组织设计（1）中，指出施工工序B～E的名称。（用背景资料中的序号①～⑧作答）

3.施工组织设计（2）中，指出本项目桥面板混凝土配合比须考虑的基本要求。

4.施工组织设计（3）中，指出桥面板混凝土浇筑施工的原则和顺序。

答题区

参考答案

1.传剪器（抗剪铆钉）。

作用：（1）传递钢梁上的荷载到混凝土板上，并保证其能够有效地进行传剪力的传递。

（2）增强结构的整体刚度和稳定性，以及提高结构的承载能力和抗震性能。

2.B：⑦；C：④；D：⑥；E：③。

3.缓凝、早强、补偿收缩。

4.原则：混凝土桥面结构应该全断面连续浇筑。

顺序：顺桥向自跨中向支点处交汇，或由一端开始向另一端浇筑，横桥向应由中间开始向两侧扩展。

【案例12】

某公司承建一项城市主干路工程，长度2.4km，在桩号K1+180 ~ K1+196位置与铁路斜交，采用四跨地道桥顶进下穿铁路的方案。为保证铁路正常通行，施工前由铁路管理部门对铁路线进行加固。顶进工作坑顶进面采用放坡加网喷混凝土方式支护，其余三面采用钻孔灌注柱加桩间网喷支护，施工平面及剖面图如图2-16、图2-17所示。

项目部编制了地道桥基坑降水、支护、开挖、顶进方案并经过相关部门审批。施工流程如图2-18所示。

混凝土钻孔灌注桩施工过程包括以下内容：采用旋挖钻成孔，桩顶设置冠梁，钢筋笼主筋采用直螺纹套筒连接，桩顶锚固钢筋按伸入冠梁长度500mm进行预留，混凝土浇筑至桩顶设计高程后，立即开始相邻桩的施工。

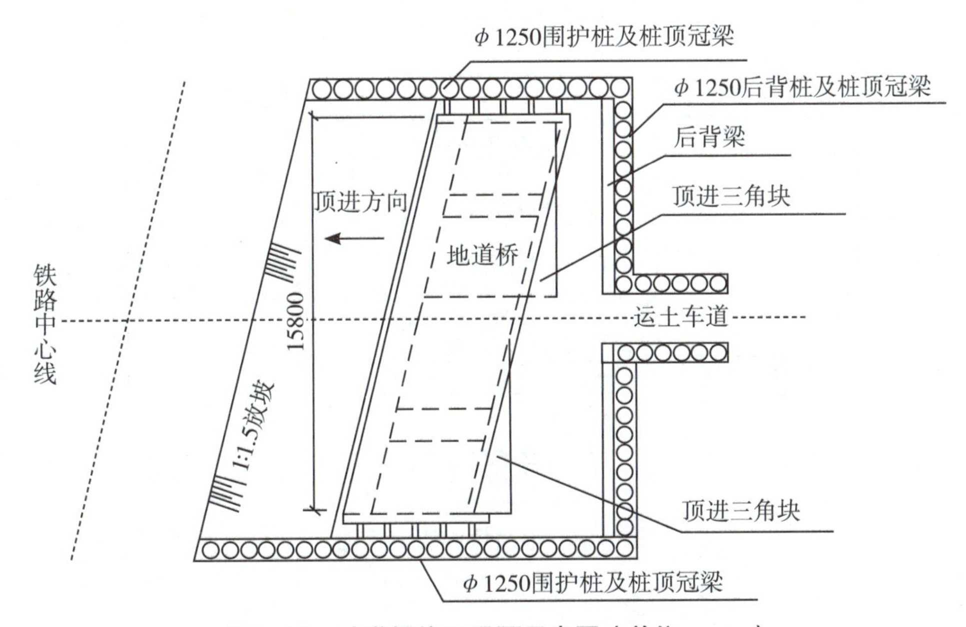

图2-16　地道桥施工平面示意图（单位：mm）

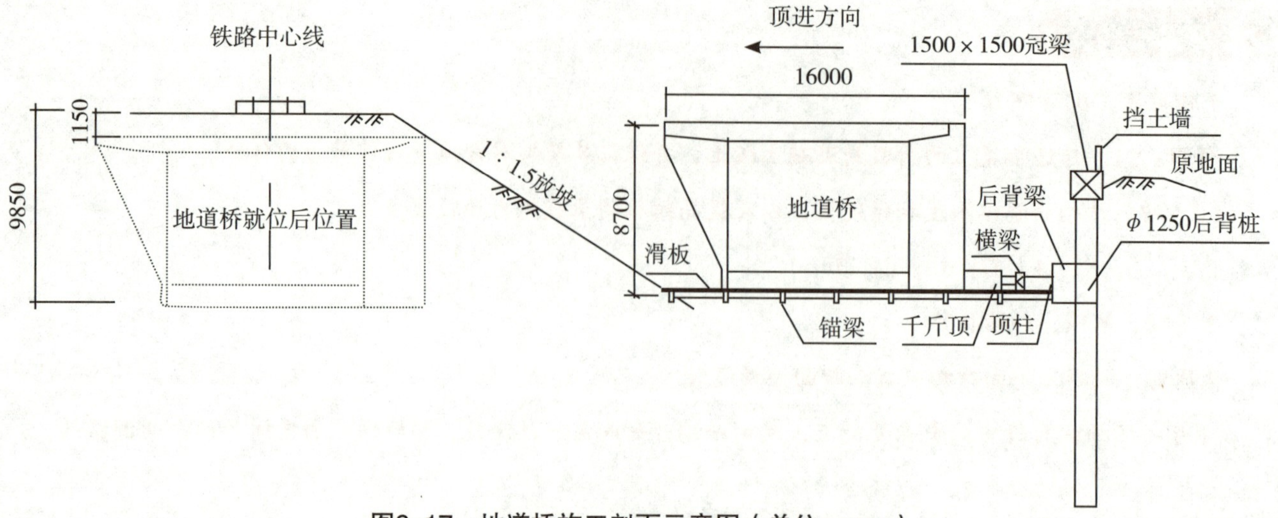

图2-17 地道桥施工剖面示意图（单位：mm）

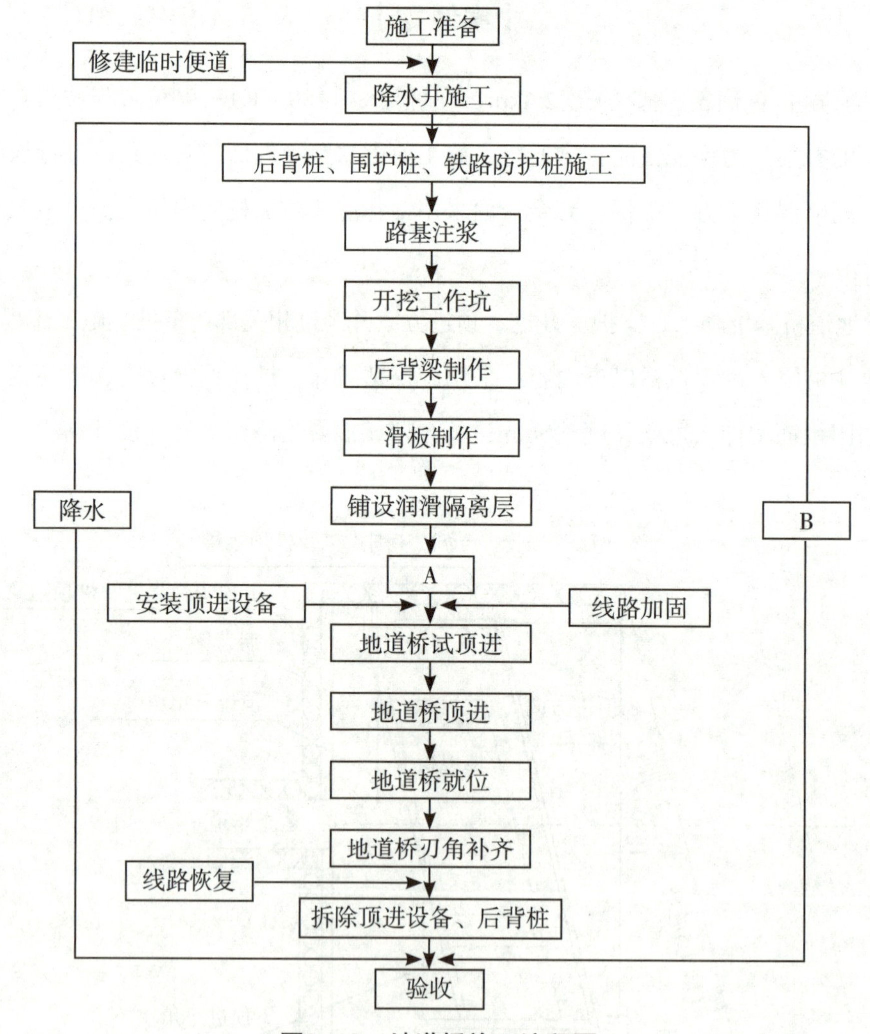

图2-18 地道桥施工流程图

【问题】

1.直螺纹连接套筒进场需要提供哪些报告？写出钢筋丝头加工和连接件检测专用工具的名称。

2.改正混凝土灌注桩施工过程的错误之处。

3.补全施工流程图2-18中A、B的名称。

4.地道桥每次顶进，除检查液压系统外，还应检查哪些部位的使用状况？

5.在每一顶程中测量的内容是哪些？

6.地道桥顶进施工应考虑的防排水措施是哪些？

答题区

参考答案

1.直螺纹连接套筒进场需要提供的报告：接头的有效型式检验报告，套筒质量检验报告（包括产品合格证、产品说明书、产品试验报告单）。

丝头加工工具：钢筋滚丝机（钢筋套丝机）。

连接件检测专用工具：量尺、扭力扳手、通止规。

2.错误1：桩顶锚固钢筋按伸入冠梁长度500mm进行预留。改正：锚固钢筋深入冠梁长度应取冠梁厚度预留。

错误2：桩顶混凝土灌注到设计高程。改正：围护结构采用水下灌注混凝土时，混凝土灌注施工时宜高出设计文件规定的标高300～500mm。

错误3：混凝土浇筑至桩顶设计高程后，立即开始相邻桩的施工。改正：此桩间距离小于5m，应待邻桩混凝土强度达到5MPa后，方可进行钻孔，或采取间隔成孔（跳孔）施工方式。

3.A是地道桥制作，B是监控量测。

4.每次顶进还应检查：顶柱（顶铁/横梁/三角块）安装、后背变化情况、线路加固情况、底板顶板高程、中边墙变形、地道桥表面裂缝等。

5.每一顶程中测量内容：顶进里程（顶程/进尺）、轴线偏差、高程偏差、千斤顶顶力、压力表读数等。

6.（1）尽量避开降雨安排施工，设置作业棚减少雨水影响。

（2）工作坑周边应设置挡水围堰、截水沟（排水沟）防止地表水流入工作坑。

（3）采用井点降水等方式将地下水位降至基底500mm以下。

（4）必要时设置隔水帷幕防止周围水流入施工范围。

（5）设置坑内排水沟、集水井及水泵，及时排除坑内积水。

【考向预测】本题为实操类考点，具有一定通用性，无论是明挖基坑施工，还是箱涵顶进施工、工作井施工、管道沟槽施工等，其答案均为通用内容，考试需要结合案例背景资料灵活变通。

专题三 隧道与轨道交通工程

导图框架

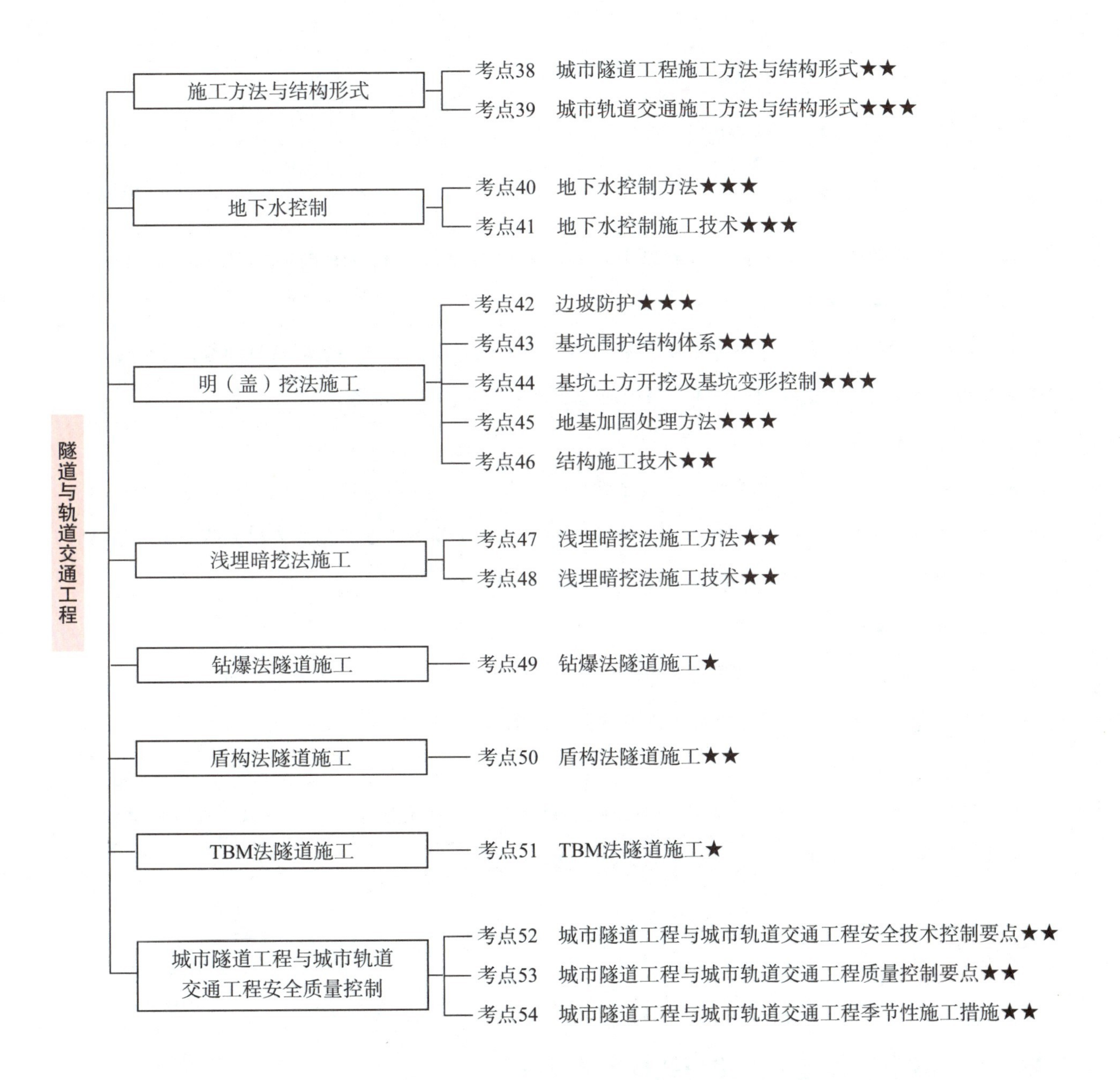

专题雷达图

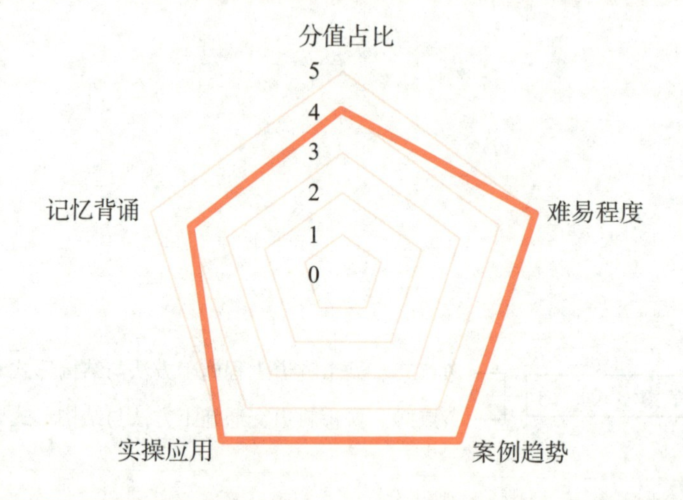

分值占比：★★★★

本专题在每年考试当中的分值大约为22分，占比约14%，属于技术部分中的第二梯队。

难易程度：★★★★★

本专题综合考核难度很大，由于其多数施工工艺属于地下工程，理解起来较为抽象，并且专业内部涉及的小技术繁多，选择题和案例题都有可能出现，需要全方位准备。

案例趋势：★★★★★

本专题涉及的案例考法极其多样化，除了常规的技术要点、数字参数可出现“改错题”外，各专业小技术中“判定题”也广泛出现，主要考核结构识别及其作用。当然各工艺相关的安全质量保证措施可围绕“简答题”和“补充题”出现，需要提升知识储备。

实操应用：★★★★★

本专题中的明挖基坑和地下水控制这两个板块，经常结合桥梁承台、水池基坑、管道沟槽开挖、综合管廊等内容结合考核，注意涉及的考点要学会举一反三。

记忆背诵：★★★★

本专题从教材篇幅角度来说，是技术部分最多的一个，教材改版后，技术内容广度有所增加，带来的考点记忆量也会加大，需要考生反复记忆，熟练掌握。

考点练习

考点38　城市隧道工程施工方法与结构形式★★

1.城市隧道施工方法主要包括（　　）。

A.盖挖法　　　　B.明挖法

C.浅埋暗挖法　　D.钻爆法

E.盾构法

【答案】BCDE

【解析】城市隧道施工方法主要包括明挖法、浅埋暗挖法、钻爆法、盾构法、TBM法。

【考向预测】本题考查的是城市隧道施工的主要方法。本题的混淆点在于地铁车站施工和隧道施工方法的区分。备考策略上，应注意容易混淆的地铁车站的主要施工方法，包括明挖法、盖挖法、浅埋暗挖法。同时应着重注意明挖法和浅埋暗挖法的施工技术要点，这是案例高频考点。

2.城市隧道工程施工方法中，（　　）已能适用于各种水文地质条件，无论是软松或坚硬的、有地下水或无地下水的暗挖隧道工程基本可以采用该工法施工。

A.钻爆法　　B.浅埋暗挖法

C.TBM法　　D.盾构法

【答案】D

【解析】盾构法已能适用于各种水文地质条件，无论是软松或坚硬的、有地下水或无地下水的暗挖隧道工程基本可以采用该工法施工。

考点39　城市轨道交通施工方法与结构形式★★★

1.关于地铁车站施工方法的说法，正确的是（　　）。

A.盖挖法可有效控制地表沉降，有利于保护临近建（构）筑物

B.明挖法具有施工速度快、造价低，对周围环境影响小的优点

C.采用钻孔灌注桩与钢支撑作为围护结构时，在钢支撑的固定端施加预应力

D.盖挖顺作法可以使用大型机械挖土和出土

【答案】A

【解析】B选项错误，明挖法的缺点是对周围环境影响较大。C选项错误，常用的钢管支撑一端为活络头，采用千斤顶在该侧施加预应力。D选项错误，盖挖顺作法挖土和出土工作因受盖板的限制，无法使用大型机械，需要采用特殊的小型、高效机具。

2.关于隧道浅埋暗挖法施工的说法，错误的是（　　）。

A.施工时不允许带水作业

B.要求开挖面具有一定的自立性和稳定性

C.常采用预制装配式衬砌

D.与新奥法相比，初期支护允许变形量较小

【答案】C

【解析】C选项错误，隧道浅埋暗挖法衬砌结构通常采用现场浇筑施工方法。

3.先从地表面向下开挖基坑至设计标高，然后在基坑内的预定位置由下而上地建造主体结构及其防水措施，最后回填土并恢复路面的施工方法是（　　）。

A.喷锚暗挖法　　B.盖挖法

C.明挖法　　D.浅埋暗挖法

【答案】C

【解析】明挖法是指在地铁施工时挖开地面，由上向下开挖土石方至设计标高后，自基底由下向上进行结构施工，当完成地下主体结构后回填基坑及恢复地面的施工方法。

考点40　地下水控制方法★★★

1.地下水控制方法常分为（　　）等形式，可单独或组合使用。

A.引流修补　　B.回灌

C.集水明排　　D.截水

E.降水

【答案】BCE

【解析】地下水控制方法可划分为集水明排、降水、隔水和回灌四类，可单独或组合使用。

2.在砂土地层中，降水深度不受限制的降水方法是（　　）。

A.潜埋井　　B.管井

C.喷射井点　　D.真空井点

【答案】B

【解析】工程降水方法及适用条件如表3-1所示。

表3-1　工程降水方法及适用条件

降水方法适用条件		土质类别	渗透系数（m/d）	降水深度（m）
降水井	真空井点	粉质黏土、粉土、砂土	0.01～20.0	单级≤6，多级≤12
	喷射井点	粉土、砂土	0.1～20.0	≤20
	管井	粉土、砂土、碎石土、岩土	>1	不限
	渗井	粉质黏土、粉土、砂土、碎石土	>0.1	由下伏含水层的埋藏条件和水头条件确定
	辐射井	黏性土、粉土、砂土、碎石土	>0.1	4～20
	电渗井	黏性土、淤泥、淤泥质黏土	≤0.1	≤6
	潜埋井	粉土、砂土、碎石土	>0.1	≤2

【考向预测】本题考查的是工程降水方法及适用条件，是历年考试中的常规考点。备考策略上，应注意各个降水方法所适用的地层深度，并能结合识图进行计算并分析降水适用方法。

3.下列隔水帷幕按布置方式划分的是（　　）。

A.水平向隔水帷幕　　B.独立式隔水帷幕

C.嵌入式隔水帷幕　　D.冻结法隔水帷幕

【答案】A

【解析】隔水帷幕按布置方式分类，可分为悬挂式竖向隔水帷幕、落底式竖向隔水帷幕、水平向隔水帷幕。B、C选项是隔水帷幕按结构形式分类，D选项是隔水帷幕按施工方法分类。

4.适用于除岩溶外的各类岩土的隔水帷幕施工方法有（　　）。

A.高压喷射注浆法　　B.注浆法

C.水泥土搅拌法　　D.冻结法

E.地下连续墙

【答案】BE

【解析】隔水帷幕施工方法及适用条件见表3-2。

表3-2　隔水帷幕施工方法及适用条件

隔水帷幕施工方法	适用条件	
	土质类别	注意事项与说明
高压喷射注浆法	适用于黏性土、粉土、砂土、黄土、淤泥质土、淤泥、填土	坚硬的黏性土、土层中含有较多的大粒径块石或有机质，地下水流速较大时，高压喷射注浆效果较差
注浆法	适用于除岩溶外的各类岩土	用于竖向帷幕的补充，多用于水平帷幕
水泥土搅拌法	适用于淤泥质土、淤泥、黏性土、粉土、填土、黄土、软土，对砂、卵石等地层有条件使用	不适用于含大孤石或障碍物较多且不易清除的杂填土，欠固结的淤泥、淤泥质土，硬塑、坚硬的黏性土，密实的砂土以及地下水渗流影响成桩质量的地层
冻结法	适用于地下水流速不大的土层	电源不能中断，冻融对周边环境有一定影响
地下连续墙	适用于除岩溶外的各类岩土	施工技术环节要求高，造价高，泥浆易造成现场污染、泥泞，墙体刚度大；整体性好，安全稳定
咬合式排桩	适用于黏性土、粉土、填土、黄土、砂、卵石	对施工精度、工艺和混凝土配合比均有严格要求
钢板桩	适用于淤泥、淤泥质土、黏性土、粉土	对土层适用性较差，多应用于软土地区
沉箱	适用于各类岩土层	适用于地下水控制面积较小的工程。如竖井等

考点41　地下水控制施工技术★★★

1.地下水控制施工中，关于集水明排的说法，正确的是（　　）。

A.明沟宜布置在拟建建筑基础边0.2m以外　　B.明沟的坡度不宜大于0.3%

C.集水井底面应比沟底面低0.5m以上　　D.沿排水沟每隔20m应设一口集水井

【答案】C

【解析】A选项错误，明沟宜布置在拟建建筑基础边0.4m以外。B选项错误，明沟的坡度不宜小于0.3%。C选项正确，集水井底面应比沟底面低0.5m以上。D选项错误，在基坑坑底四角或基坑底边每隔30～50m设置集水井。

【考向预测】本题目考查的是工程降水方法及适用条件中集水明排的相关技术要点。备考策略上，应注意明沟距离拟建建筑基础边、边坡的安全距离，集水井的深度要求等等，这里容易结合识图改错出题，要会识图和灵活运用。

2.关于基坑降水的说法，正确的是（　　）。

A采用隔水幕的工程应在围合区域外侧设置降水井

B真空井点在降水区域边角位置均匀布置

C应根据孔口至设计降水水位深度来确定单、多级真空井点降水方式

D施工降水可直接排入污水管网

【答案】C

【解析】A选项错误，采用隔水幕的工程应在围合区域内侧设置降水井。B选项错误，真空井点在降水区域边角应加密布置。D选项错误，可排入城市雨水管网或河、湖，不应排入城市污水管道。

3.下列降水系统平面布置的规定中，正确的有（　　）。

A.面状降水工程降水井点宜沿降水区域周边呈封闭状均匀布置

B.线、条状降水工程，两端应外延0.5倍围合区域宽度布置降水井

C.采用隔水帷幕的工程，应在围合区域内增设降水井或疏干井

D.在运土通道出口两侧应增设降水井

E.在地下水补给方向，降水井点间距可适当减小

【答案】ACDE

【解析】A选项正确，面状降水工程，降水井点宜沿降水区域周边呈封闭状均匀布置。B选项错误，线状、条状降水工程，降水井宜采用单排或双排布置，两端应外延布置降水井，外延长度为条状或线状降水井点围合区域宽度的1～2倍。C选项正确，降水井点围合区域宽度大于单井降水影响半径或采用隔水帷幕的工程，应在围合区域内增设降水井或疏干井。D选项正确，在运土通道出口两侧应增设降水井。E选项正确，在地下水补给方向的降水井点间距可适当减小。

考点42　边坡防护★★★

1.下列基坑放坡要求中，说法错误的是（　　）。

A.放坡应以控制分级坡高和坡度为主

B.放坡设计与施工时应考虑雨水的不利影响

C.上级放坡坡度宜缓于下坡放坡坡度

D.分级放坡时，宜设置分级过渡平台

【答案】C

【解析】C选项错误，下级放坡坡度宜缓于上级放坡坡度。

2.下列情况会引起边坡失稳的有（　　）。

A.开挖边坡缓于设计坡度

B.基坑边坡坡顶堆放材料、土方及运输机械车辆等增加了附加荷载

C.基坑降排水措施不力

D.基坑开挖后暴露时间过长

E.基坑开挖过程中，及时刷坡

【答案】BCD

【解析】A选项错误，缓于设计边坡不会引起边坡失稳。E选项错误，基坑开挖过程中，未及时刷坡才会引起边坡失稳。B、C、D选项都会引起边坡失稳。

【考向预测】本题考查的是基坑开挖护坡措施。护坡措施和边坡防护是历年考试中比较常规和高频的考点。备考策略上，护坡措施主要是结合案例题出现，比如：出现边坡失稳、塌坡应采取的办法，要求能默写，护坡措施主要是以多选题出现，要求有印象能选出即可。

3.明挖基坑放坡措施有（　　）。

A.水泥抹面　　B.挂网喷射混凝土

C.锚杆喷射混凝土护面　　D.坡顶2m范围内堆放土袋

E.土工织物覆盖坡面

【答案】ABCE

【解析】放坡开挖时应及时做好坡脚、坡面的保护措施。常用的保护措施有叠放沙包或土袋、水泥抹面、挂网喷浆或混凝土等。也可采用其他措施，包括锚杆喷射混凝土护面、塑料膜或土工织物覆盖坡面等。

4.放坡基坑施工中，分级放坡时宜设置分级过渡平台，下级放坡坡度宜（　　）上级放坡坡度。

A.缓于　　B.陡于　　C.等于　　D.以上均可

【答案】A

【解析】分级放坡时，宜设置分级过渡平台，下级放坡坡度宜缓于上级放坡坡度。

考点43　基坑围护结构体系★★★

1.在软弱地层的基坑工程中，支撑结构挡土的应力传递路径是（　　）。

A.土压力→围檩→围护桩→支撑　　B.土压力→围护桩→支撑→围檩

C.土压力→围檩→支撑→围护桩　　D.土压力→围护桩→围檩→支撑

【答案】D

【解析】在软弱地层的基坑工程中，支撑结构承受围护墙所传递的土压力、水压力。支撑结构挡土的应力传递路径是围护（桩）墙→围檩（冠梁）→支撑。

【考向预测】本题考查的是支撑结构挡土的应力传递路径。基坑围护结构的应力传力路径相对简单，在案例考试中常考识图及构件灵活运用问题。例如识图里是冠梁还是腰梁，围护结构施工方法中SMW工法桩里的H型钢，这些都在历年识图题内有考核到过。

2.主要材料可反复使用，止水性好的基坑围护结构是（　　）。

A.钢管桩　　B.灌注桩　　C.SMW工法桩　　D.型钢桩

【答案】C

【解析】A选项错误，钢管桩做基坑围护结构时，需有防水措施相配合。B选项错误，灌注桩做基坑围护结构时，需降水或和止水措施配合使用，如搅拌桩、旋喷桩等。C选项正确，SMW工法桩优点：（1）强度大，止水性好；（2）内插的型钢可拔出反复使用，经济性好。D选项错误，型钢桩即钢板桩，新的时候止水性尚好，如有漏水现象，需增加防水措施。

3.地铁基坑采用的围护结构形式很多，其中强度大、开挖深度大，同时可兼作主体结构一部分的围护结构是（　　）。

A.重力式水泥挡墙　　B.地下连续墙

C.预制混凝土板桩　　D.SMW工法桩

【答案】B

【解析】地下连续墙有如下特点：（1）刚度大，开挖深度大，可适用于所有地层；（2）强度大，变位小，隔水性好，同时可兼作主体结构的一部分；（3）可邻近建筑物、构筑物使用，环境影响小；（4）造价高。A选项错误，重力式挡土墙不适用于深大基坑，开挖深度不宜大于7m。C选项错误，预制混凝土板桩自重大，受起吊设备限制，不适合大深度基坑。D选项错误，SMW工法桩后期型钢拔出，不能兼作主体结构的一部分。

4.关于地下连续墙的导墙作用的说法，正确的有（　　）。

A.控制挖槽精度　　B.承受水土压力

C.承受施工机具设备的荷载　　D.提高墙体的刚度

E.保证墙壁的稳定

【答案】ABC

【解析】导墙是控制挖槽精度的主要构筑物，导墙结构应建于坚实的地基之上，其主要作用：（1）挡土。在挖掘地下连续墙沟槽时，地表土容易松软塌陷，因此在单元槽挖完之前，导墙起挡土作用。（2）基准作用。导墙作为测量地下连续墙挖槽标高、垂直度和精度的基准。（3）承重。导墙既是挖槽机械轨道的支承，又是钢筋笼接头管等搁置的支点，有时还承受其他施工设备的荷载。（4）存蓄泥浆。导墙可存蓄泥浆，稳定槽内泥浆液面。泥浆液面始终保持在导墙面以下20cm，并高出地下水位1m，以稳定槽壁。（5）其他。导墙还可以防止泥浆漏失，阻止雨水等地面水流入槽内；地下连续墙距现有建（构）筑物很近时，在施工时还起到一定的补强作用。

5.关于深基坑内支撑体系施工的说法，正确的有（　　）。

A.各支撑体系的施工，必须坚持先开挖后支撑的原则

B.围檩与围护结构之间的间隙，可以用C30细石混凝土填充密实

C.钢支撑预加轴力出现损失时，应再次施加到设计值

D.结构施工时，钢筋可临时存放于钢支撑上

E.支撑拆除应在替换支撑的结构构件达到换撑要求的承载力后进行

【答案】BCE

【解析】A选项错误，内支撑结构的施工与拆除顺序应与设计一致，必须坚持先支撑后开挖的原则。B选项正确，围檩与围护结构之间紧密接触，不得留有缝隙。如有间隙应用强度不低于C30的细石混凝土填充密实或采用其他可靠连接措施。C选项正确，钢支撑应按设计要求施加预压力，当监测到预加压力出现损失时，应再次施加预应力至设计值。D选项错误，支撑结构上不应堆放材料和运行施工机械，当需要利用支撑结构兼作施工平台或栈桥时，应做专门设计。E选项正确，支撑拆除应在替换支撑的结构构件达到换撑要求的承载力后进行。

考点44 基坑土方开挖及基坑变形控制★★★

1.当基坑开挖较浅且未设支撑时，围护墙体水平变形表现为（ ）。

A.墙顶位移最大，向基坑方向水平位移

B.墙顶位移最大，背离基坑方向水平位移

C.墙底位移最大，向基坑方向水平位移

D.墙底位移最大，背离基坑方向水平位移

【答案】A

【解析】当基坑开挖较浅，还未设支撑时，不论对刚性墙体还是柔性墙体，均表现为墙顶位移最大，向基坑方向水平位移，呈三角形分布。

2.关于控制基坑变形的主要方法，下列说法错误的是（ ）。

A.增加围护结构和支撑的刚度

B.增加围护结构的入土深度

C.加固基坑内被动土压区土体

D.加快开挖速度

【答案】D

【解析】控制基坑变形的主要方法：（1）增加围护结构和支撑的刚度。（2）增加围护结构的入土深度。（3）加固基坑内被动土压区土体。（4）减小每次开挖围护结构处土体的尺寸和开挖后未及时支撑的暴露时间。（5）通过调整围护结构或隔水帷幕深度和降水井布置来控制降水对环境变形的影响。增加隔水帷幕深度甚至隔断透水层、提高管井滤头底高度、降水井布置在基坑内均可减少降水对环境的影响。

3.基坑开挖时坑底稳定控制的措施有（ ）。

A.增加围护结构和支撑刚度

B.增加围护结构入土深度

C.坑底土体加固

D.坑内井点降水

E.适时施作底板

【答案】BCDE

【解析】A选项是控制基坑变形的方法，控制基坑变形的主要方法：增加围护结构和支撑的刚度、增加围护结构的入土深度、加固基坑内被动区土体、减小每次开挖进尺、控制降水。坑底稳定控制措施：增加围护结构入土深度、坑底土体加固、坑内井点降水、适时施作底板。

4.设有支护的基坑土方开挖过程中，能够反映坑底土体隆起的监测项目是（　　）。

A.立柱变形　　B.冠梁变形　　C.地表沉降　　D.支撑梁变形

【答案】A

【解析】直接监测坑底土体隆起较为困难，一般通过监测立柱变形来反映基坑底土体隆起情况。

考点45　地基加固处理方法★★★

1.基坑内地基加固的主要目的有（　　）。

A.提高结构的防水性能

B.减少围护结构位移

C.提高土体的强度和侧向抗力

D.防止坑底土体隆起破坏

E.弥补围护墙体插入深度不足

【答案】BCDE

【解析】（1）基坑内地基加固的主要目的：①提高土体的强度和侧向抗力；②减少围护结构位移；③保护基坑周边建筑物及地下管线；④防止坑底土体隆起破坏；⑤防止坑底土体渗流破坏；⑥弥补围护墙体插入深度不足等。（2）基坑外地基加固的主要目的：①止水；②减少围护结构承受的主动土压力。

2.在软土基坑地基加固方式中，基坑面积较大时宜采用（　　）。

A.墩式加固　　B.裙边加固　　C.抽条加固　　D.格栅式加固

【答案】B

【解析】基坑面积较大时，宜采用裙边加固。采用墩式加固时，土体加固一般多布置在基坑周边阳角位置或跨中区域。长条形基坑可考虑采用抽条加固。地铁车站的端头井一般采用格栅式加固。环境保护要求高，或为了封闭地下水时，可采用满堂加固。

3.基坑内被动区加固土体布置常用的形式有（　　）。

A.墩式加固

B.岛式加固

C.裙边加固

D.抽条加固

E.满堂加固

【答案】ACDE

【解析】按平面布置形式分类，基坑内被动区加固形式主要有墩式加固、裙边加固、抽条加固、格栅式加固和满堂加固。加固基坑内被动区土体的方法有墩式加固、满堂加固、格栅式加固、抽条加固、裙边加固及抽条加固与裙边加固相结合的形式。

【考向预测】本题考查的是基坑内被动区加固土体布置常用的方法。近几年主要是以多选题的形式出现。备考策略上，第一是记住加固的形式有哪些，注意没有“岛式”，岛式是地铁车站站台的加固形式，避免混淆。第二是各个形式对应的图，要能区分。第三是不同的加固形式适用的范围，比如长条形的适用抽条加固，环保要求高的用满堂加固等。

4.水泥土搅拌法地基加固适用于（　　）。

A.障碍物较多的杂填土　　B.欠固结的淤泥质土

C.可塑的黏性土　　D.密实的砂类土

【答案】C

【解析】水泥土搅拌法适用于加固淤泥、淤泥质土、素填土、黏性土（软塑和可塑）、粉土（稍密、中密）、粉细砂（稍密、中密）、中粗砂（松散、稍密）、饱和黄土等土层。不适用于含有大孤石或障碍物较多且不易清除的杂填土、欠固结的淤泥和淤泥质土、硬塑及坚硬的黏性土、密实的砂类土，以及地下水影响成桩质量的土层。

5.高压旋喷注浆法在（　　）中使用会影响其加固效果。

A.淤泥质土　　B.素填土　　C.硬黏性土　　D.碎石土

【答案】C

【解析】高压喷射注浆法对淤泥、淤泥质土、黏性土（流塑、软塑、可塑）、粉土、砂土、黄土、素填土和碎石土等地基都有良好的处理效果。但对于硬黏性土，含有较多的块石或大量植物根茎的地基，因喷射流可能受到阻挡或削弱，冲击破碎力急剧下降，切削范围小或影响处理效果。

6.适用于中砂以上的砂性土和有裂隙的岩石土层的注浆方法是（　　）。

A.劈裂注浆　　B.渗透注浆　　C.压密注浆　　D.电动化学注浆

【答案】B

【解析】劈裂注浆：适用于低渗透性的土层。渗透注浆：只适用于中砂以上的砂性土和有裂隙的岩石。压密注浆：常用于中砂地基，黏土地基中若有适宜的排水条件也可采用。如遇排水困难而可能在土体中引起高孔隙水压力时，就必须采用很低的注浆速率。压密注浆可用于非饱和的土体，以调整不均匀沉降以及在大开挖或隧道开挖时对邻近土进行加固。电动化学注浆：地基土的渗透系数$k<10^{-4}$cm/s，只靠一般静压力难以使浆液注入土的孔隙的地层。

【考向预测】本题考查的是不同注浆方法的适用范围。近几年主要是以单选题的形式出现。备考策略上，主要是区分开不同的注浆方法所适用的地层环境，题干给出已知条件后能快速匹配。

考点46　结构施工技术★★

1.隧道工程单侧支撑体系由预埋件系统部分和架体两部分组成。其中，悬臂支架埋件系统的组成不包括（　　）。

A.外连杆　　B.爬锥　　C.受力螺栓　　D.预埋杆

【答案】A

【解析】城市隧道围护结构与主体结构墙为复合墙结构形式时，主体结构侧墙一般采用单侧支撑体系。单侧支撑体系由预埋件系统部分和架体两部分组成。单侧支架埋件系统：地脚螺栓、连接螺母、外连杆、外螺母和横梁。悬臂支架埋件系统包括：预埋杆、爬锥、受力螺栓。

2.地下工程防水设计和施工应遵循（　　）相结合的原则。

A.防、排、截、堵相结合　　B.刚柔相济

C.因地制宜　　D.综合治理

E.经济效能

【答案】ABCD

【解析】地下工程防水的设计和施工应遵循“防、排、截、堵相结合，刚柔相济，因地制宜，综合治理”的原则。

3.地下连续墙墙幅接缝渗漏应采取（　　）等措施进行止水处理。

A.注浆、置换　　B.注浆、嵌填　　C.置换、嵌填　　D.注浆、密封胶密封

【答案】B

【解析】地下连续墙作为主体结构的一部分与衬砌结构组成叠合墙结构时，防水应符合下列要求：（1）墙体的裂缝、空洞应采用同强度等级的混凝土或防水砂浆修补；（2）墙幅接缝处的渗漏应采用注浆、嵌填的方式进行止水处理；（3）墙表面或墙幅接缝的范围应进行凿毛、清洗处理后，方可进行刚性防水层施工。

4.隧道主体结构工程水泥砂浆防水层分层施工时，每层宜连续施工；留槎时应采用阶梯坡形，层与层间搭接应紧密；接槎处与特殊部位加强层距离不应大于（　　）mm。

A.200　　B.300　　C.500　　D.600

【答案】A

【解析】水泥砂浆防水层分层施工时，每层宜连续施工；留槎时应采用阶梯坡形，层与层间搭接应紧密；接槎处与特殊部位加强层距离不应大于200mm。

考点47　浅埋暗挖法施工方法★★

1.关于隧道全断面暗挖法施工的说法，错误的是（　　）。

A.可减少开挖对围岩的扰动次数　　B.围岩必须有足够的自稳能力

C.自上而下一次开挖成形并及时进行初期支护　　D.适用于地表沉降难以控制的隧道施工

【答案】D

【解析】D选项错误，全断面开挖法适用于土质稳定、断面较小的隧道施工，适宜人工开挖或小型机械作业。

2.浅埋暗挖施工的交叉中隔壁法（CRD工法）是在中隔壁法（CD工法）基础上增设（　　）而形成。

A.管棚　　B.锚杆　　C.钢拱架　　D.临时仰拱

【答案】D

【解析】当CD工法不能满足要求时，可在CD工法基础上加设临时仰拱，即所谓的交叉中隔壁法（CRD工法）。

3.下列喷锚暗挖开挖方式中，防水效果较差的是（　　）。

A.全断面法　　B.环形开挖预留核心土法

C.交叉中隔壁法（CRD工法）　　D.双侧壁导坑法

【答案】D

【解析】在喷锚暗挖法开挖方式中，双侧壁导坑法防水效果差。

4.隧道在断面形式和地层条件相同的情况下，沉降相对较小的喷锚暗挖施工方法是（　　）。

A.单侧壁导坑法　　B.双侧壁导坑法

C.交叉中隔壁法（CRD工法）　　D.中隔壁法（CD工法）

【答案】C

【解析】在喷锚暗挖法开挖方式中，交叉中隔壁法沉降相对较小，详见表3-3。

表3-3　喷锚暗挖（矿山）法开挖方式与选择条件

施工方法	结构与地层	沉降	工期	防水	初支拆量	造价
全断面法	好，≤8m	一般	最短	好	无	低
正台阶法	≤10m	一般	短	好	无	低
环形开挖预留核心土	差，≤12m	一般	短	好	无	低
单侧壁导坑法	差，≤14m	较大	较短	好	小	低
双侧壁导坑法	小跨度，连续使用可扩大跨度	较大	长	差	大	高
中隔壁法（CD工法）	差，≤18m	较大	较短	好	小	偏高
交叉中隔壁法（CRD工法）	差，≤20m	较小	长	好	大	高
中洞法	小跨度，连续使用可扩大跨度	小	长	差	大	较高
侧洞法	小跨度，连续使用可扩大跨度	大	长	差	大	高
柱洞法	多层多跨	大	长	差	大	高
洞桩法	多层多跨	较大	长	差	较大	高

【考向预测】本题考查的是浅埋暗挖法开挖方式和选择条件。这是历年考试中的高频考点。备考策略上，要记住每个工法所适用的地层和跨度，主要是案例题容易出现选择工法这类题目，另外需要注意的是各个工法的优缺点，主要以选择题的形式出现。

考点48　浅埋暗挖法施工技术★★

1.关于超前小导管注浆加固技术要点的说法，正确的有（　　）。

A.应沿隧道拱部轮廓线外侧设置

B.具体长度、直径应根据设计要求确定

C.成孔工艺应根据地层条件进行选择，应尽可能减少对地层的扰动

D.加固地层时，其注浆浆液应根据以往经验确定

E.注浆顺序应由下而上，间隔对称进行，相邻孔位应错开，交叉进行

【答案】ABCE

【解析】D选项错误，超前小导管加固地层时，其注浆浆液应根据地质条件、并经现场试验确定；并应根据浆液类型，确定合理的注浆压力和选择合适的注浆设备。

2.关于小导管注浆加固技术的说法，错误的是（　　）。

A.小导管支护和超前加固必须配合钢拱架使用

B.小导管安装位置应正确并具备足够的长度

C.小导管采用直径70～180mm的无缝钢管

D.钢管沿隧道纵向的搭接长度一般不小于1m

【答案】C

【解析】C选项错误，小导管钢管直径宜为40～50mm。

3.关于管棚施工的说法，错误的是（　　）。

A.钻孔顺序应由低孔位向高孔位进行

B.钢管在安装前应逐孔逐根进行编号

C.注浆量达到设计注浆量的80%时方可停止注浆

D.双向相邻管棚的搭接长度不小于3m

【答案】A

【解析】A选项错误，钻孔顺序应由高孔位向低孔位进行。

【考向预测】本题考查的是浅埋暗挖法中管棚超前支护的技术要点。备考策略上，主要是区分管棚和超前小导管的技术数据，比如钢管直径大小、间距、搭接长度，容易结合案例题中的改错类题目出现。

4.关于隧道深孔注浆超前加固施工的说法，错误的是（　　）。

A.管线附近施工时应适当加大注浆压力

B.浆液扩散半径应根据注浆材料、方法及地层条件，经试验确定

C.根据地层条件和加固要求，深孔注浆可采取前进式分段注浆、后退式分段注浆等方法

D.钻孔应按先外圈、后内圈、跳孔施工的顺序进行

【答案】A

【解析】A选项错误，管线附近施工时应根据相关单位要求适当降低注浆压力。

考点49　钻爆法隧道施工★

1.关于隧道超前地质预报目的的说法，错误的是（　　）。

A.进一步查清隧道工作面前方工程地质和水文地质条件，指导工程施工顺利进行

B.消除地质灾害发生危害程度

C.为优化工程设计提供依据

D.为编制竣工文件提供基础资料

【答案】B

【解析】B选项错误，降低地质灾害发生的概率和危害程度。

2.隧道超前地质预报类型中，长距离预报可选的预报方法包括（　　）。

A.弹性波反射法

B.电磁波反射法

C.地质调查法

D.地震波反射法

E.100m以上的超前钻探

【答案】CDE

【解析】按预报长度，隧道超前地质预报可以分为3种类型，见表3-4。

表3-4　隧道超前地质预报长度划分及预报方法选择

序号	类型	预报长度	可选预报方法
1	长距离预报	100m以上	地质调查法、地震波反射法及100m以上的超前钻探等
2	中距离预报	30～100m	地质调查法、弹性波反射法及30～100m的超前钻探等
3	短距离预报	30m以内	地质调查法、电磁波反射法（地质雷达探测）及小于30m的超前钻探等

考点50　盾构法隧道施工★★

1.盾构施工的阶段包括（　　）。

A.评估

B.预测

C.始发

D.正常掘进

E.接收

【答案】CDE

【解析】盾构施工一般分为始发、正常掘进和接收三个阶段。

2.盾构衬砌环类型包括（　　）。

A.钢管片

B.标准衬砌环+左右转弯衬砌环组合

C.通用型管片

D.复合材料管片

E.铸铁管片

【答案】BC

【解析】目前通常采用的盾构衬砌环管片类型：（1）标准环+左右转弯环组合；（2）通用型管片。

3.盾构接收施工流程中，洞门密封安装的紧后工序是（　　）。

A.洞门凿除　　B.接收基座的安装与固定

C.到达段掘进　　D.盾构接收

【答案】C

【解析】盾构接收一般按下列程序进行：洞门凿除→接收基座的安装与固定→洞门密封安装→到达段掘进→盾构接收。

考点51　TBM法隧道施工★

1.TBM破岩方式主要有（　　）。

A.挤压式　　B.嵌入式

C.滚动式　　D.切削式

E.破碎式

【答案】AD

【解析】TBM破岩方式主要有挤压式与切削式，破岩原理主要有圆盘型滚刀、楔齿型与球齿型滚刀。

2.TBM施工主要流程中，全断面开挖与出渣的紧后工序是（　　）。

A.施工准备　　B.外层管片式衬砌或初期支护

C.TBM前推　　D.管片外灌浆

【答案】B

【解析】TBM施工主要流程：施工准备→全断面开挖与出渣→外层管片式衬砌或初期支护→TBM前推→管片外灌浆或二次衬砌。

3.TBM主要形式分为敞开式和（　　）。

A.挤压式　　B.滚动式

C.护盾式　　D.嵌入式

【答案】C

【解析】TBM主要分为敞开式和护盾式。

考点52　城市隧道工程与城市轨道交通工程安全技术控制要点★★

1.施工单位进场后应依据（　　）提供的工程地质勘察报告、基坑及隧道施工范围内和影响范围内的各种地上、地下管线及建（构）筑物等有关资料，查阅有关专业技术资料，掌握管线的施工年限、使用状况、位置、埋深等数据信息。

A.建设单位　　B.施工单位　　C.设计单位　　D.勘察单位

【答案】A

【解析】施工单位进场后应依据建设单位提供的工程地质勘察报告、基坑及隧道施工范围内和影响范围内的各种地上、地下管线及建（构）筑物等有关资料，查阅有关专业技术资料，掌握管线的施工年限、使用状况、位置、埋深等数据信息。

2.对于基坑开挖范围内的管线，应与（　　）协商确定管线拆迁、改移和悬吊加固措施。

A.设计单位　　B.建设单位

C.规划单位　　D.管理单位

E.监理单位

【答案】BCD

【解析】对于基坑开挖范围内的管线，应与建设单位、规划单位和管理单位协商确定管线拆迁、改移和悬吊加固措施。

【考向预测】本题考查的是基坑开挖范围内管线的保护措施。这是历年考试中的高频考点。备考策略上，要按顺序记住开工之前、施工过程中，对于需要迁改的和就地加固保护的管线分别应采取的措施有哪些。

3.城市轨道交通工程安全技术控制要点中，关于现况管线改移、保护措施的说法，正确的是（　　）。

A.对于基坑开挖范围内的管线，应与建设单位、规划单位和管理单位协商确定管线拆迁、改移和悬吊加固措施

B.观测管线沉降和变形并记录，遇到异常情况，必须立即采取安全技术措施

C.在施工过程中，必须设专人随时检查地上、地下管线及建（构）筑物、维护加固设施，以保持完好

D.开工前，由监理单位召开工程范围内有关设施管理单位参加的调查配合会，由管理单位指认所属设施及其准确位置，设明显标志

E.基坑开挖影响范围内的地上、地下管线及建（构）筑物的安全受施工影响时，均应进行加固，经检查、验收，确认符合要求并形成文件后方可施工

【答案】ABCE

【解析】D选项错误，开工前，由建设单位召开工程范围内有关地上、地下管线及建（构）筑物、人防、地铁等设施管理单位参加的调查配合会，由管理单位指认所属设施及其准确位置，设明显标志。

考点53　城市隧道工程与城市轨道交通工程质量控制要点★★

1.下列施工控制指标中，属于基坑围护结构地下连续墙施工质量控制指标的是（　　）。

A.地下连续墙墙体混凝土抗压强度和抗渗强度等级符合要求

B.地下连续墙的钢筋骨架和预埋件的安装应无变形

C.预埋件应无松动和遗漏

D.地下连续墙的裸露墙面应表面密实、无渗漏

E.混凝土支撑的质量验收

【答案】ABCD

【解析】地下连续墙施工质量控制指标：地下连续墙墙体混凝土抗压强度和抗渗强度等级符合要求，地下连续墙的钢筋骨架和预埋件的安装应无变形，预埋件应无松动和遗漏，标高、位置符合要求，地下连续墙的裸露墙面应表面密实、无渗漏，地下连续墙垂直度允许偏差满足规范要求。E选项属于横撑支护的施工质量控制指标。

2.明（盖）挖法施工时，关于基坑开挖施工质量控制要点的说法，错误的是（　　）。

A.确保围护结构位置、尺寸、稳定性

B.土方自上而下分层、分段依次开挖，及时施作支撑或锚杆

C.开挖至基底400mm时，应人工配合清底，不得超挖或扰动基底土

D.基底经勘察、设计、监理、施工单位验收合格后，应及时施工混凝土垫层

【答案】C

【解析】C选项错误，开挖至基底200mm时，应人工配合清底，不得超挖或扰动基底土。

3.基坑开挖应对（　　）项目进行中间验收。

A.基坑平面位置、宽度

B.基坑高程、平整度、地质描述

C.基坑降水

D.基坑放坡开挖的坡度和围护桩及连续墙支护的稳定情况

E.模板支架高程

【答案】ABCD

【解析】基坑开挖应对下列项目进行中间验收：基坑平面位置、宽度、高程、平整度、地质描述，基坑降水，基坑放坡开挖的坡度和围护桩及连续墙支护的稳定情况，地下管线的悬吊和基坑便桥稳固情况。

考点54　城市隧道工程与城市轨道交通工程季节性施工措施★★

1.隧道使用混凝土的抗渗等级，寒冷地区有冻害地段和严寒地区不应低于（　　）。

A.P9　　B.P7　　C.P10　　D.P8

【答案】D

【解析】在寒冷、侵蚀环境中的隧道工程，防水混凝土的抗渗等级不得低于P8，抗冻等级不得低于F300。

2.防水混凝土冬期施工时，其入模温度不应低于（　　）。

A.5℃　　B.10℃　　C.0℃　　D.-5℃

【答案】A

【解析】防水混凝土的冬期施工入模温度不应低于5℃，宜掺入混凝土防冻剂等外加剂，并应采取保温、保湿养护等综合措施。

3.卷材防水层施工时，(　　)施工的环境气温不宜低于5℃。

A.热熔法　　B.满粘法

C.焊接法　　D.冷粘法

E.自粘法

【答案】DE

【解析】卷材防水层施工时，冷粘法、自粘法施工的环境气温不宜低于5℃，热熔法、焊接法施工的环境气温不宜低于-10℃。

专题练习

【案例1】

某公司承建城市主干道的地下隧道工程，隧道长520m，为单箱双室类型钢筋混凝土结构，采用明挖顺作法施工，隧道基坑深10m，基坑安全等级为一级，基坑支护与结构设计断面示意图如图3-1所示，围护桩为钻孔灌注桩；截水帷幕为双排水泥土搅拌桩，两道内支撑中间设立柱支撑；基坑侧壁与隧道侧墙的净距为1m。

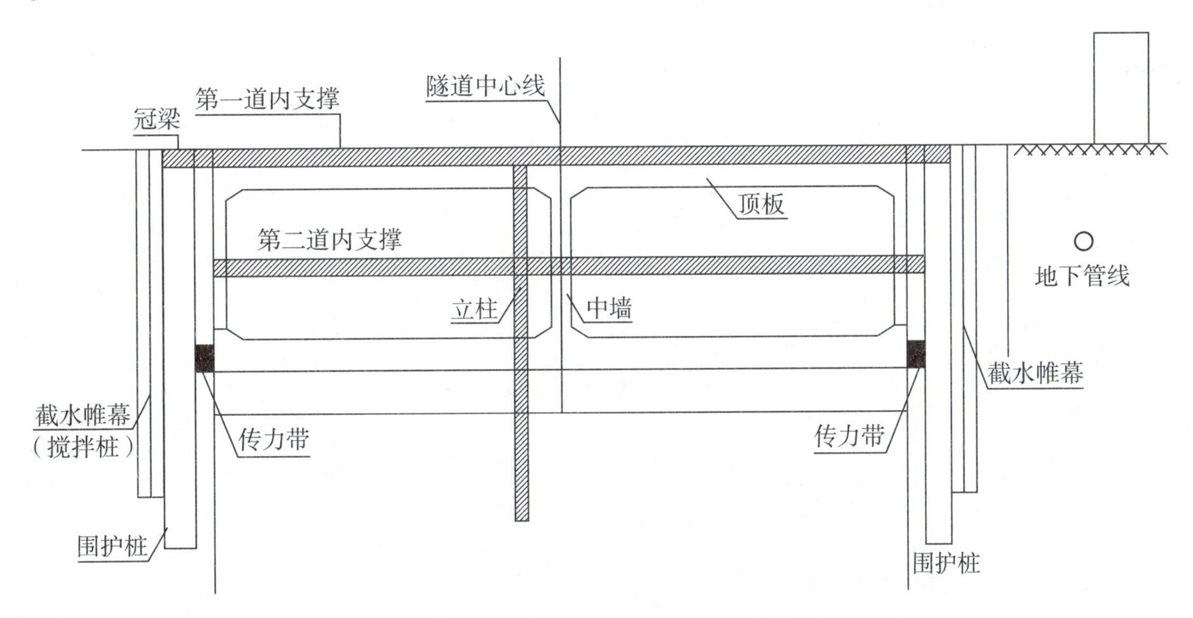

图3-1　基坑支护与主体结构设计断面示意图（单位：cm）

项目部编制了专项施工方案，确定了基坑施工和主体结构施工方案，对结构施工与拆撑、换撑进行了详细安排。

施工过程中发生如下事件：

事件一：进场踏勘发现有一条横跨隧道的架空高压线无法转移，鉴于水泥土搅拌机设备高，距高压线距离处于危险范围，导致高压线两侧共计20m范围内水泥土搅拌桩无法施工。项目部建议变更此范围内的截水帷幕状设计，建设单位同意设计变更。

事件二：项目部编制的专项施工方案，隧道主体结构与拆撑、换撑施工流程为：①底板垫层施工→②→③传力带施工→④→⑤隧道中墙施工→⑥隧道侧墙和顶板施工→⑦基坑侧壁与隧道侧墙间隙回填→⑧。

事件三：某日上午监理人员在巡视工地时，发现以下问题，要求立即整改：

（1）在开挖工作面位置，第二道支撑未安装的情况下，已开挖至基坑底部。

（2）为方便挖土作业，挖掘机司机擅自拆除支撑立柱的个别水平联系梁；当日下午，项目部接到基坑监测单位关于围护结构变形超过允许值的报警。

（3）已开挖至基底的基坑侧壁局部位置出现漏水，水中夹带少量泥沙。

【问题】

1.本工程还有哪些专项施工方案需要进行专家论证？项目部编制的专项施工方案应包括哪些内容？

2.针对事件一，你认为应变更成什么形式的截水帷幕？根据相关规定，此次设计变更引起的工作造价增加是否应计量？简要说明理由。

3.指出项目部办理设计变更的步骤。

4.请补充事件二流程中②、④、⑧代表的工序内容。

5.针对本案例中的基坑类型，应监测的项目包括什么？

6.事件三有什么不妥，怎么整改？

答题区

参考答案

1.需要进行专家论证的有：深基坑开挖、降水、支护专项方案，基坑监测方案，模板支架及脚手架专项方案、起重吊装专项方案。

专项施工方案应包括工程概况、编制依据、施工计划、施工工艺技术、施工安全保证措施、施工管理及作业人员配备和分工、验收要求、应急处置措施、计算书及相关施工图纸。

【考向预测】本题考查的是超过一定规模的危险性较大的分部分项工程需要专家论证的范围。此内容是一建及二建比较常规的高频考点，需引起重视。在备考策略上，应区分和准确记忆超过一定规模的危险性较大的分部分项工程的数据，结合识图灵活运用。

2.应变更为高压旋喷、摆喷桩止水帷幕，或素混凝土桩与钢筋混凝土桩间隔布置的钻孔咬合桩；

应计量，高压线影响施工属于非承包方的外部原因，非承包方责任，且建设单位同意设计变更。

3.施工单位向监理单位和建设单位提出变更，经监理单位和建设单位同意，建设单位安排监理工程师发出变更令或设计单位重新绘制变更图纸，施工单位按照变更令或设计变更图纸调整施工方案实施。

4.②为底板施工；④为拆除第二道内支撑；⑧为拆除第一道内支撑及立柱。

5.应监测的项目：围护桩顶部水平与竖向位移、深层水平位移、立柱竖向位移、支撑轴力、地下水位、地表/道路/建筑物/管线竖向位移、周边建筑物裂缝、地表裂缝。

【考向预测】本题考查的是一级基坑应监测的项目，远些年份较少考核，但近些年考频逐渐提高，需引起重视。在备考策略上，需要牢记一级基坑应监测的项目，选择题和案例问答题都容易出现该考点。

6.（1）第二道支撑未安装的情况下，已开挖至基坑底部不妥。

整改：开挖与支撑交替进行，开挖到第二道支撑下部后，立即进行第二道支撑施工，避免无支撑暴露。

（2）挖掘机司机擅自拆除支撑立柱的个别水平联系梁不妥。

整改：施工单位应该立即安装被拆除的立柱水平联系梁。严格按照论证及审批后的安全专项施工方案施工，并有专职安全员督促落实。

（3）已开挖至基底的基坑侧壁局部位置出现漏水，水中夹带少量泥沙未进行处理不妥。

整改：首先应进行基坑降水，在缺陷处插入引流管引流，然后采用双快水泥封堵渗漏处，等封堵水泥形成一定强度后再关闭导流管。如果该种方法效果不佳，则安排在坑内渗漏处回填，坑外渗漏处打孔注入水泥-水玻璃双液浆或聚氨酯封堵渗漏处，封堵后再继续开挖。

【案例2】

某施工单位中标承建过街地下通道工程，周边地下管线较复杂。设计采用明挖基坑做法施工，隧道基坑总长80m，宽12m，开挖深度为10m，基坑围护结构采用SMW工法桩；基坑沿深度方向设有2道支撑，其中第一道支撑为钢筋混凝土支撑，第二道支撑为钢管支撑（见图3-2），基坑场地地层自上而下依次为：2m厚素填土、6m厚黏质粉土、10m厚砂质粉土，地下水埋深约1.5m，在基坑内布置了5口管井降水。

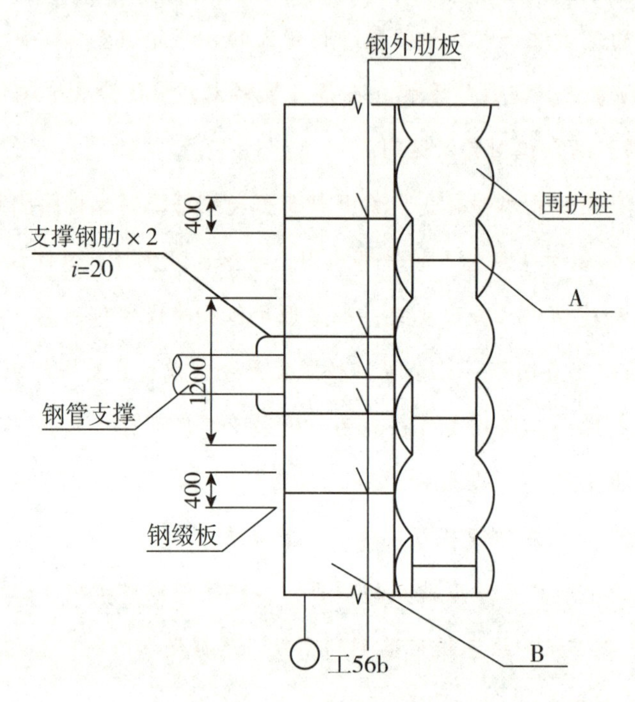

图3-2　第二道支撑节点平面示意图（单位：mm）

【问题】

1.写出图3-2中A、B构（部）件的名称，并分别简述其功用。

2.根据两类支撑的特点分析围护结构设置不同类型支撑的理由。

3.本项目基坑内管井属于什么类型？起什么作用？

4.列出基坑围护结构施工的大型工程机械设备。

答题区

参考答案

1.A——内插H型钢；B——围檩。

内插型钢作用：与刚性的水泥土搅拌墙形成劲性复合结构，起到增加SMW抗剪抗弯强度和韧性的作用。

围檩作用：将围护结构连成整体，支撑和定位围护结构，收集围护结构应力传递到支撑，避免支撑部位应力集中。

2.（1）钢筋混凝土支撑设置理由：上部荷载大，位移大，其强度、刚度、安全稳定性和可靠性要比钢管支撑大。

（2）钢支撑设置理由：下部荷载小，位移小，且下部设置钢管支撑安装、拆除方便，施工快速，可周转使用，支撑中可施加预应力，施工方便灵活，可降低对基坑内施工的干扰。

3.属于疏干井。

作用：降低基坑内水位，便于土方开挖，保证基坑坑底稳定。

4.打（拔）桩机、水泥土三轴搅拌机、混凝土运输车及泵车、挖掘机、吊车（装卸材料）、装载机等。

【案例3】

某公司中标城市轨道交通工程，项目部编制了基坑明挖法，结构主体现浇的施工方案，根据设计要求，本工程需先降方至两侧基坑支护顶标高后再进行支护施工，降方深度为6m，黏性土层，1：0.375放坡，坡面挂网喷浆，横断面如图3-3所示，施工前对基坑开挖专项方案进行了专家论证。

基坑支护结构分别由地连墙及钻孔灌注桩两种形式组成，两侧地连墙厚度均为1.2m，深度为36m；两侧围护桩均为ϕ1.2m钻孔灌注桩，桩长36m，间距1.4m，围护桩及桩间土采用网喷C20混凝土，中隔土体采用管井降水，基坑开挖部分采用明排疏干。基坑两端末接邻标段及封堵墙。

基坑采用三道钢筋混凝土支撑+两道$\phi 609\times16$钢支撑，隧道内净高12.3m，汽车吊配合各工序吊装作业。

施工期间对基坑监测的项目有：围护桩及降方层边坡顶部水平位移，支撑轴力及深层水平位移，随时分析监测数据。

地下水分布特征情况见横断面示意图。

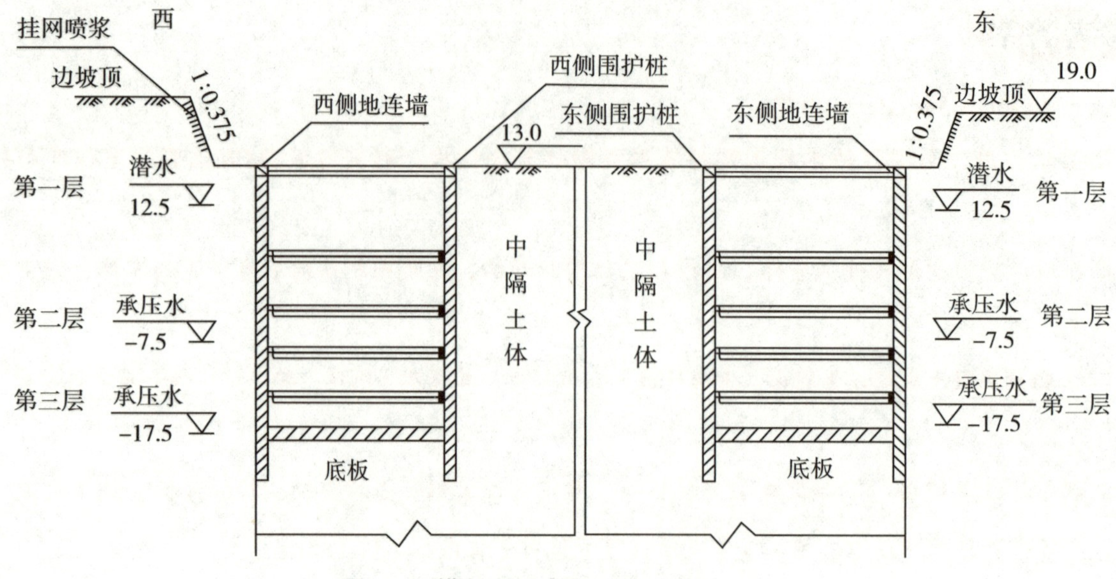

图3-3　横断面示意图（尺寸单位：m）

【问题】

1.本工程涉及超过一定规模且危险性较大的分部分项工程较多，除降方和基坑开挖支护方案外，依据背景资料，另补充3项需专家论证的专项施工方案。

2.分析不同支护方式的优点及两种降排水措施产生的效果。

3.本工程施工方案只考虑采用先降方后挂网喷浆护面措施，还可以采取哪些常用坡面及护面措施？

4.降方坡面喷浆不及时发生边坡失稳迹象可采取的措施有哪些？

5.在不考虑环境因素前提下，补充基坑监测应监测的项目。

答题区

参考答案

1.模板支架工程、起重吊装工程、基坑降水工程。

2.（1）钻孔灌注桩：

①强度大，可用在深大基坑，施工对周边地层、环境影响小。

②设置在中隔土体侧，搭配管井降水和桩间网喷C20混凝土，既满足基坑安全要求，又能降低成本。

（2）地下连续墙：

①刚度大、开挖深度大，可适用于所有地层；

②强度大、变位小、隔水性好，同时可兼做主体结构的一部分；

③可邻近建筑物、构筑物使用，环境影响小；

④适用于基坑外侧承受土压力较大，防水要求高的场景。

管井：前期减少承压水的压力，防止基坑底部隆起；后期疏干承压含水层，保证开挖安全。

明排：排除基坑内渗水，保证开挖土体干燥。

【考向预测】本题考查的是不同支护形式的优点和缺点，在近五年考试中主要以案例问答题的形式出现。在备考策略上，第一要掌握两种不同的支护形式的施工以及支护的方法，第二是掌握它们分别设置的部位，第三是理解它们各自的优缺点。

3.叠放砂包和土袋，水泥砂浆或细石混凝土抹面、锚杆喷混凝土护面，塑料膜或土工织物覆盖坡面。

4.削坡、坡脚压载、坡顶卸荷。

5.围护桩及边坡顶部竖向位移，地下连续墙顶部水平/竖向位移，立柱竖向位移，地下水位、周边地表竖向位移。

【案例4】

某市政企业中标一城市地铁车站项目，该项目地处城郊结合部，场地开阔，建筑物稀少，车站全长200m，宽19.4m，深度为16.8m，设计为地下连续墙围护结构，采用钢筋混凝土支撑与钢管支撑，明挖施工。本工程开挖区域内地层分布为回填土、黏土、粉砂、中粗砂及砾石，地下水位位于3.95m处。详见图3-4。

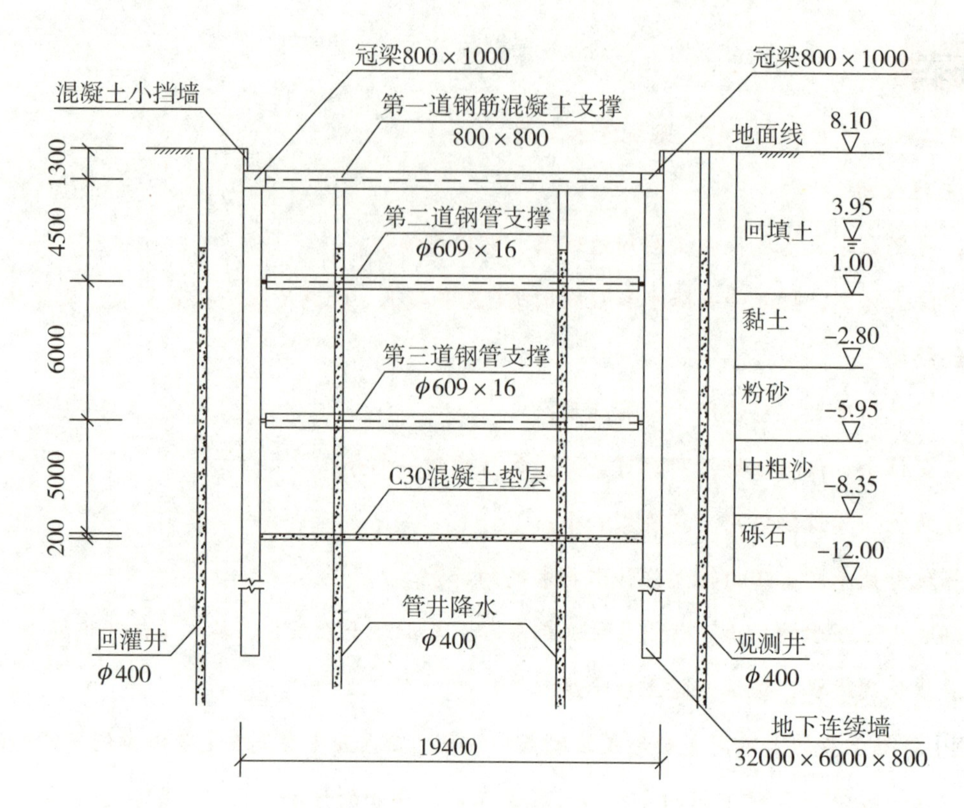

图3–4　地铁车站明挖施工示意图（高程单位：m；尺寸单位：mm）

项目部依据设计要求和工程地质资料编制了施工组织设计。施工组织设计明确以下内容：

（1）工程全长范围内均采用地下连续墙围护结构，连续墙顶部设有800×1000mm的冠梁；钢筋混凝土支撑与钢管支撑的间距为：垂直间距4～6m，水平间距8m。主体结构采用分段跳仓施工，分段长度为20m。

（2）施工工序为：围护结构施工→降水→第一层土方开挖（挖至冠梁底面标高）→A→第二层土方开挖→设置第二道支撑→第三层土方开挖→设置第三道支撑→最底层开挖→B→拆除第三道支撑→C→负二层中板、中板梁施工→拆除第二道支撑→负一层侧墙、中柱施工→侧墙顶板施工→D。

（3）项目部对支撑作业做了详细的布置：围护结构第一道采用钢筋混凝土支撑，第二、第三道采用ϕ609×16mm的钢管支撑，钢管支撑一端为活络头，采用千斤顶在该侧施加预应力，预应力加设前后的12h内应加密监测频率。

（4）后浇带设置在主体结构中间部位，宽度为2m，当两侧混凝土强度达到100%设计值时，开始浇筑。

（5）为防止围护变形，项目部制定了开挖和支护的具体措施：

①开挖范围及开挖、支撑顺序均应与围护结构设计工况相一致；

②挖土要严格按照施工方案规定进行；

③软土基坑必须分层均衡开挖；

④支护与挖土要密切配合，严禁超挖。

【问题】

1.根据背景资料，本工程围护结构还可以采用哪些方式？

2.写出施工工序中代号A、B、C、D对应的工序名称。

3.钢管支撑施加预应力前后，预应力损失如何处理?

4.后浇带施工应有哪些技术要求?

5.补充完善开挖和支护的具体措施。

答题区

参考答案

1.还可以采用钻孔灌注桩围护结构+高压旋喷桩、钻孔灌注咬合桩、SMW工法桩等方式。

2.A：第一道钢筋混凝土支撑及冠梁施工；

B：车站垫层及底板施工；

C：负二层侧墙及中柱施工；

D：第一道钢筋混凝土支撑拆除。

【考向预测】本题考查的是明挖基坑施工顺序，近几年考试出现了好几次这种填工序的题目。在备考策略上，主要是熟练掌握明挖基坑的施工工法，开挖从上往下，先支撑后开挖，挖到底施工完垫层和地板，从下往上分别浇筑结构和拆除支撑。

3.事前应适当提高预应力设计值；依据监测应力损失数据通过在活络端塞入钢楔，使用千斤顶进行附加预应力的施工。

4.（1）在其两侧混凝土龄期达到42d再进行施工。

（2）接缝处理：钢筋除锈、接缝部位凿毛清理湿润，按设计要求采用止水带（条）等措施。

（3）设置独立稳固的模板支架。

（4）采用补偿收缩混凝土，混凝土强度不低于两侧混凝土强度或满足设计要求。

（5）养护不少于28d。

5.（1）设置坑内、外排水设施（排水沟，挡水墙等）。

（2）基坑开挖过程中，必须采取措施防止开挖机械等碰撞支护结构、格构柱、降水井点或扰动基底原状土。

（3）开挖过程要对基坑本体及支护结构体系进行监控，发生异常情况时，应立即停止挖土，并立即查清原因且采取措施，正常后方能继续挖土。

【案例5】

某市区城市主干道改扩建工程，标段总长1.72km，周边有多处永久建筑，临时用地极少，环境保护要求高；现状道路交通量大，施工时现状交通不断行。本标段是在原城市主干路主路范围进行高架桥段—地面段—入地段改扩建，包括高架桥段、地面段、U形槽段和地下隧道段。各工种施工作业区设在围挡内，临时用电变压器可安放于图3-5中A、B位置，电缆敷设方式待定。作业区围挡示意图如图3-6所示。

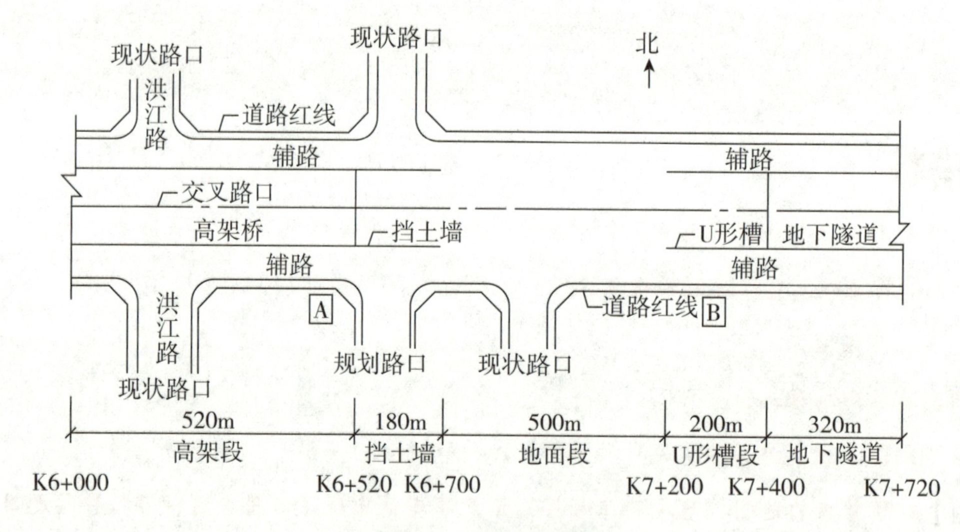

图3-5 平面示意图

高架桥段在洪江路交叉口处采用钢-混叠合梁型式跨越，跨径组合为37m+45m+37m。地下隧道段为单箱双室闭合框架结构。采用明挖方法施工。本标段地下水位较高，属富水地层；有多条现状管线穿越地下隧道段，需进行拆改挪移。

U形敞开段围护结构为直径ϕ1.0m的钻孔灌注桩，外侧桩间采用高压旋喷桩止水帷幕，内侧挂网喷浆。地下隧道段围护结构为地下连续墙及钢筋混凝土支撑。

降水措施采用止水帷幕外侧设置观察井、回灌井，坑内设置管井降水，配轻型井点辅助降水。

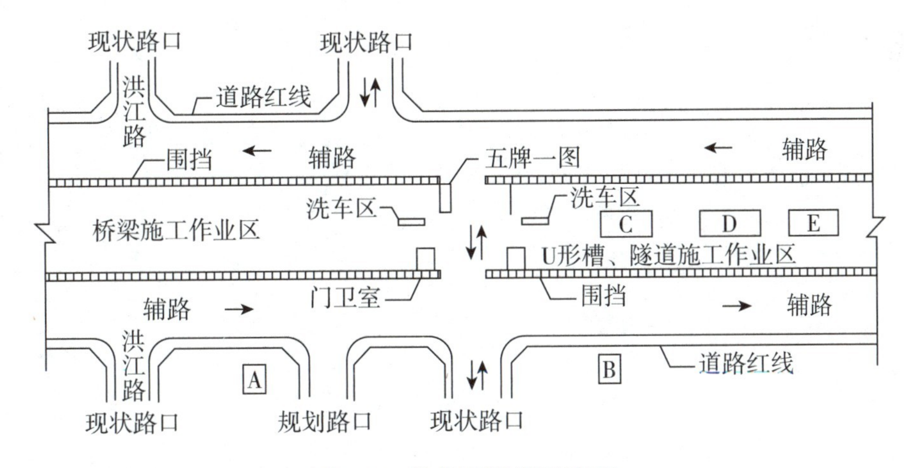

图3-6　作业区围挡示意图

【问题】

1.图3-5中，在A、B两处如何设置变压器？电缆如何敷设？请说明理由。

2.根据图3-6，地下连续墙施工时，C、D、E位置设置何种设施较为合理？

3.观察井、回灌井、管井的作用分别是什么？

4.本工程隧道基坑的施工难点是什么？

5.施工地下连续墙时，导墙的作用主要有哪四项？

6.目前城区内钢梁安装的常用方法有哪些？针对本项目的特定条件，应采用何种架设方法？采用何种配套设备进行安装？在何时段安装合适？

答题区

参考答案

1.（1）方向一：变压器（站）的位置应布置在现场边缘高压接入处，临时变压器设置应距地面不小于30cm，并应在2m以外处设置高度大于1.7m的保护栏杆。

方向二：施工单位应根据国家有关标准、规范和施工现场的实际负荷情况，编制施工现场“临时用电施工组织设计”，并协助业主向当地电力部门审报用电方案。要履行占地手续并进行备案。

（2）电缆线采用夯管法敷设。

理由：夯管法在特定场所有其优越性，适用于城镇区域下穿较窄道路的地下管道施工。

2.C：渣土池；D：泥浆池（箱）；E：钢筋笼加工。

3.观察井：观察地下水位的变化，以便动态控制地下水位。

回灌井：保持地下水位，防止由于降水对周边环境造成影响。

管井：疏干基坑内地下水，便于开挖，保证施工安全。

4.隧道施工难点：

（1）地下水位高，降水施工交叉施工多；

（2）施工场地狭窄，受到社会交通干扰较大；

（3）周边建筑物、管线、道路对于沉降要求控制严格；

（4）有多条现状管线待拆改挪移，涉及管理单位配合工作多。

5.导墙的作用：（1）挡土；（2）基准作用；（3）承重；（4）存蓄泥浆。

6.（1）城区内常用钢梁安装方法：自行式吊机整孔架设法、门架吊机整孔架设法、支架架设法、缆索吊机拼装架设法、悬臂拼装架设法、拖拉架设法等。

（2）应采用支架架设法。

（3）采用起重机进行安装。

（4）在夜间安装合适。

【案例6】

某公司中标承建一项蓄水池工程，主体结构为矩形钢筋混凝土半地下式结构，平面尺寸为30m×20m，高15m，设计水深12m，基坑采用不放坡开挖，围护结构采用地下连续墙，施工步骤如图3-7所示。

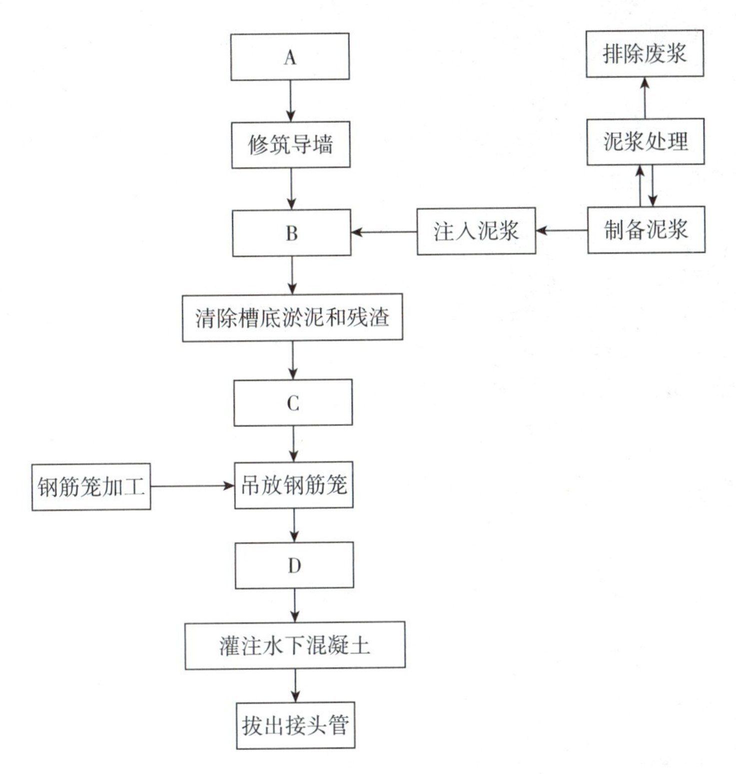

图3-7　施工步骤图

基坑沿深度方向设有3道支撑，从上到下依次采用现浇钢筋混凝土支撑、单钢管支撑、双钢管支撑，基坑场地地层自上而下依次为4.5m厚素填土、4.5m厚砂土、5.5m厚粉质黏土、10m厚砂质粉土，地下水埋深约2.5m。

施工过程中发生如下事件：

事件一：基坑开挖至设计基底标高时，监控量测过程中发现，基坑底部产生了较大的坑底隆起，项目部立即采取措施，对其进行控制，后续加强对基底的监测。

事件二：水池施工安装止水带采用橡胶止水带，现场工人安装时采用叠接连接，在叠接位置用铁钉进行固定，被现场监理工程师发现后制止，并要求项目部作出整改。

【问题】

1.请写出A、B、C、D分别对应哪项施工步骤。

2.写出内支撑体系的布置原则。

3.事件一中，基坑底部产生较大隆起的原因可能有哪些？

4.试补充事件一中项目部所采取的控制基坑隆起的措施。

5.事件二中，监理工程师制止的原因是什么？项目部该如何整改？

答题区

参考答案

1.A：开挖导沟；B：开挖沟槽；C：吊放接头管；D：下导管。

2.内支撑体系的布置原则：

（1）宜采用受力明确、连接可靠、施工方便的结构形式。

（2）宜采用对称平衡性、整体性强的结构形式。

（3）应与主体结构的结构形式、施工顺序协调，以便于主体结构施工。

（4）应利于基坑土方开挖和运输。

（5）有时，可利用内支撑结构施作施工平台。

3.事件一中，基坑底部产生较大隆起的原因可能有：

（1）基坑底部透水土层由于其自重不能够承受下方承压水水头压力而产生突然性的隆起。

（2）由于围护结构插入基坑底土层深度不足而产生坑内土体隆起破坏。

4.事件一中项目部所采取的控制基坑隆起的措施：

（1）保证深基坑坑底稳定的方法有加深围护结构入土深度、坑底土体加固、坑内井点降水等措施。

（2）适时施作底板结构。

5.监理制止的原因：现场工人安装止水带时采用叠接方式。

错误之处：现场工人安装时采用叠接连接，在叠接位置用铁钉进行固定。

整改措施：塑料或橡胶止水带接头应采用热接，不得采用叠接；不得在止水带上穿孔或用铁钉固定就位，应采用定位钢筋对止水带进行固定。

专题四　给水排水处理厂站工程

导图框架

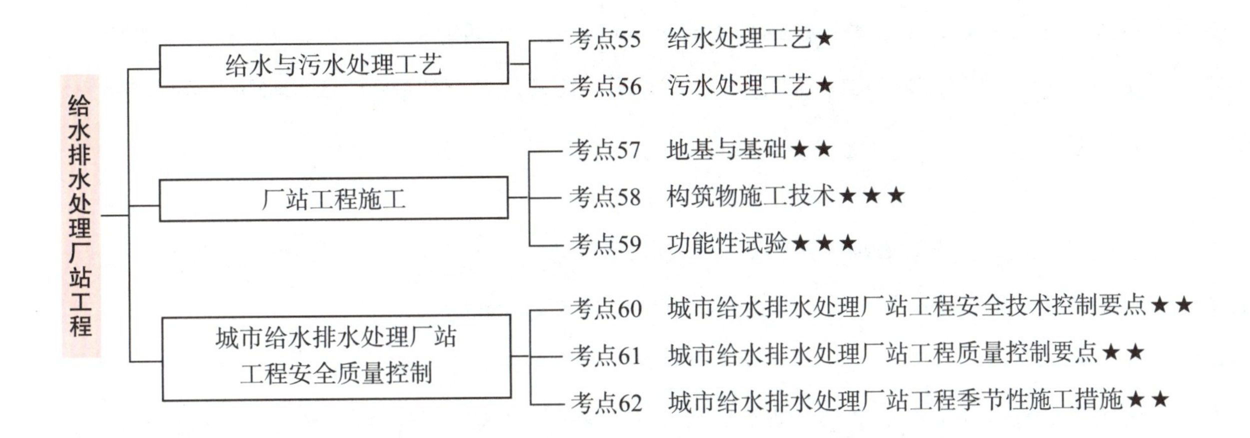

专题雷达图

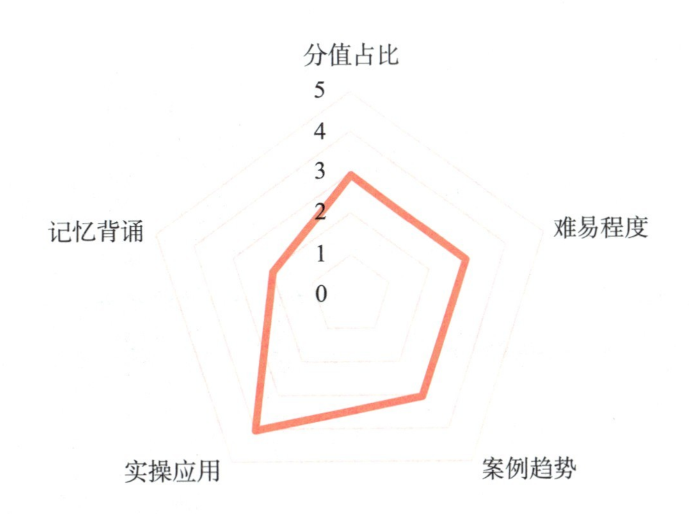

分值占比：★★★

本专题在每年考试当中分值平均为17分，占比约11%，属于技术部分中的第三梯队，但由于其内容篇幅不多，考核分值却不低，因此可以称之为很具有“性价比”的专题。

难易程度：★★★

本专题综合难度中等，处于桥梁工程、隧道和轨道交通工程之后，有了前两者铺垫，加上三者间具有相通性，本专题考点理解难度不高，出题形式也比较固定。

案例趋势：★★★

本专题的案例考核主要围绕“构筑物施工技术和满水试验”这两部分，教材改版后，随着沉井技术的弱化，前者的重要性更为凸显。满水试验可出现“计算题”，请同学们注意研读历年真题，考核形式比较固化。

实操应用：★★★★

本专题在教材改版后，地基基础可结合前面专题的明挖基坑合并出题。因水池的抗浮措施、土建施工和工艺安装单位交接验收等内容具有通用性原则，注意灵活应用。

记忆背诵：★★

本专题需要记忆的部分主要集中在现浇水池施工技术要点，此部分和桥梁工程的“大体积混凝土施工”，轨道交通工程的“结构施工技术”有较多相通内容，注意对比记忆。

考点练习

考点55　给水处理工艺★

1.当水质条件为水库水，悬浮物含量小于100NTU时应采用的水处理工艺是（　　）。

A.原水→筛网隔滤或消毒

B.原水→接触过滤→消毒

C.原水→混凝、沉淀或澄清→过滤→消毒

D.原水→调蓄预沉→混凝、沉淀或澄清→过滤→消毒

【答案】B

【解析】原水→接触过滤→消毒，一般用于处理浊度和色度较低的湖泊水和水库水，进水悬浮物一般小于100NTU，水质稳定、变化小且无藻类繁殖。

2.给水处理的目的是去除或降低原水中的（　　）。

A.悬浮物

B.胶体

C.有害细菌生物

D.钙、镁离子含量

E.溶解氧

【答案】ABC

【解析】给水处理的目的是去除或降低原水中的悬浮物质、胶体、有害细菌生物以及水中含有的其他有害杂质。D选项，钙、镁离子属于人体中不可缺少的微量元素，水中钙、镁离子含量低，对人体有益，但如果含量过高，对人体有害。

考点56 污水处理工艺★

1.城市污水处理方法与工艺中，属于化学处理法的是（　　）。

A.混凝法　　B.生物膜法　　C.活性污泥法　　D.筛滤截流法

【答案】A

【解析】化学处理法，涉及城市污水处理中的混凝法，类同于城市给水处理。B、C选项错误，生物膜法、活性污泥法属于生物处理法。D选项错误，筛滤截留、重力分离、离心分离属于物理处理法。

【考向预测】本题考查的是城市水处理场中污水处理的方法。这种分类题在考试中经常出现。在备考策略上，主要是区分开化学处理法、物理处理法和生物处理法所包含的内容，它们基本上都是以选择题的形式出现。

2.城镇污水经过一级处理后，污水中悬浮物可去除（　　）左右。

A.40%　　B.25%　　C.65%　　D.70%

【答案】A

【解析】城镇污水一级处理主要针对水中悬浮物质，常采用物理的方法，经过一级处理后，污水中悬浮物可去除35%～60%，附着于悬浮物的有机物也可去除10%～30%。

考点57 地基与基础★★

1.厂站工程地基处理的方法包括（　　）。

A.换填垫层　　B.预压地基

C.压实地基　　D.夯实地基

E.经验加固

【答案】ABCD

【解析】厂站工程地基处理的方法：换填垫层、预压地基、压实地基、夯实地基、复合地基、注浆加固等。

2.沟槽开挖到设计高程后，应由建设单位会同（　　）单位共同验槽。

A.设计　　B.质量监督

C.勘察　　D.施工

E.监理

【答案】ACDE

【解析】基坑开挖至设计高程后应由建设单位会同设计、勘察、施工、监理等单位共同验收；发现岩、土质与勘察报告不符或有其他异常情况时，由建设单位会同上述单位研究确定处理措施。

【考向预测】本题考查的是地基施工前准备工作。在备考策略上，要牢记五方验槽的单位以及验槽的具体内容：基坑开挖的尺寸、高程、不良质土、地下水等，这些都是可以结合案例出问答题的地方。

3.控制、减小地下水浮力作用效应的抗浮治理措施有（　　）。

A.压重抗浮法　　B.结构抗浮法

C.泄水降压法　　D.隔水控压法

E.排水限压法

【答案】CDE

【解析】A、B选项为抵抗地下水浮力作用效应的抗浮治理措施。

考点58　构筑物施工技术★★★

1.池壁（墙）混凝土浇筑时，常用来平衡模板侧向压力的是（　　）。

A.支撑钢管　　B.对拉螺栓

C.系揽风绳　　D.U形钢筋

【答案】B

【解析】采用穿墙螺栓来平衡混凝土浇筑对模板侧压力时，应选用两端能拆卸的螺栓或在拆模板时可拔出的螺栓。

2.水池无粘结预应力，预应力筋长度35m，应采用的张拉方式为（　　）。

A.单端　　B.双端　　C.分段式　　D.整体式

【答案】B

【解析】无粘结预应力筋张拉：张拉段无粘结预应力筋长度小于25m时，宜采用一端张拉；张拉段无粘结预应力筋长度大于25m而小于50m时，宜采用两端张拉；张拉段无粘结预应力筋长度大于50m时，宜采用分段张拉和锚固。

3.关于预应力混凝土水池无粘结预应力筋布置安装的说法，正确的是（　　）。

A.应在浇筑混凝土过程中，逐步安装、放置无粘结预应力筋

B.相邻两环无粘结预应力筋锚固位置应对齐

C.设计无要求时，张拉段长度不超过50m，且锚固肋数量为双数

D.无粘结预应力筋中的接头采用对焊焊接

【答案】C

【解析】A选项错误，无粘结预应力施工时，先铺设无粘结预应力筋，再进行混凝土浇筑。B选项错误，安装时，上下相邻两环无粘结预应力筋锚固位置应错开一个锚固肋。C选项正确，设计无要求时，张拉段无粘结预应力筋长不超过50m，且锚固肋数量为双数。D选项错误，无粘结预应力筋中严禁有接头。

4.关于水池变形缝中止水带安装的说法，错误的有（　　）。

A.金属止水带搭接长度不小于20mm　　B.塑料止水带对接采用叠接

C.止水带用铁钉固定就位　　D.金属止水带在伸缩缝中的部分不需要涂刷防腐涂料

E.塑料或橡胶止水带应无裂纹，无气泡

【答案】BCD

【解析】B选项错误，塑料止水带对接应采用热接。C选项错误，不得在止水带上穿孔或用铁钉固定就位。D选项错误，金属止水带在伸缩缝中的部分应涂刷防腐涂料。

考点59　功能性试验★★★

1.现浇混凝土水池满水试验应具备的条件有（　　）。

A.混凝土强度达到设计强度的75%　　B.池体防水层施工完成后

C.池体抗浮稳定性满足要求　　D.试验仪器已检验合格

E.预留孔洞进出水口等已封堵

【答案】CDE

【解析】满水试验前必备条件：（1）池体的混凝土或砖、石砌体的砂浆已达到设计强度要求；池内清理洁净，池内外缺陷修补完毕。（2）现浇钢筋混凝土池体的防水层、防腐层施工之前；装配式预应力混凝土池体施加预应力且锚固端封锚以后，保护层喷涂之前；砖砌池体防水层施工以后，石砌池体勾缝以后。（3）设计预留孔洞、预埋管口及进出水口等已做临时封堵，且经验算能安全承受试验压力。（4）池体抗浮稳定性满足设计要求。（5）试验用的充水、充气和排水系统已准备就绪，经检查充水、充气及排水闸门不得渗漏。（6）各项保证试验安全的措施已满足要求；满足设计的其他特殊要求。（7）试验所需的各种仪器设备应为合格产品，并经具有合法资质的相关部门检验合格。

2.钢筋混凝土结构水池满水试验合格标准不得超过（　　）L/（m^2•d）。

A.1.0　　B.2.0　　C.3.0　　D.4.0

【答案】B

【解析】钢筋混凝土结构水池满水试验合格标准不得超过2.0L/（m^2•d）。

3.水池满水试验注水时水位上升速度不宜超过（　　）m/d。相邻两次注水的间隔时间不应小于（　　）h。

A.2；24　　B.3；24　　C.4；12　　D.5；12

【答案】A

【解析】注水时水位上升速度不宜超过2m/d。相邻两次注水的间隔时间不应小于24h。

4.某水池设计水深6m，满水试验时，池内注满水所需最短时间为（　　）d。

A.3.5　　B.4.0　　C.4.5　　D.5.0

【答案】D

【解析】水池满水试验的要求：（1）向池内注水宜分3次进行，每次注水为设计水深的1/3。对大、中型池体，可先注水至池壁底部施工缝以上，检查底板抗渗质量，当无明显渗漏时，再继续注水至第一次注水深度。（2）注水时水位上升速度不宜超过2m/d。相邻两次注水的间隔时间不应小于24h。（3）每次注水宜测读24h的水位下降值，计算渗水量。在注水过程中和注水以后，应对池体做外观检查。当发现渗水量过大时，应停止注水。待作出妥善处理后方可继续注水。（4）当设计有特殊要求时，应按设计要求执行。

考点60　城市给水排水处理厂站工程安全技术控制要点★★

1.关于城市给水排水处理厂站工程安全技术控制要点的说法，正确的有（　　）。

A.对建在地表水水体中、岸边及地下水位以下的构筑物，其主体结构不宜在枯水期施工

B.在地表水水体中或岸边施工时，应采取防汛、防冲刷、防漂浮物、防冰凌的措施以及对防洪堤的保护措施

C.当处理地基施工采用振动或挤土方法施工时，应采取开挖隔震沟、施工隔离桩等措施控制振动和侧向挤压对邻近建（构）筑物及周边环境产生有害影响

D.池壁与顶板连续施工时，池壁内模立柱不得同时作为顶板模板立柱；顶板支架的斜杆或横向连杆不得与池壁模板的杆件相连接

E.池壁模板施工时，应设置确保墙体直顺和防止浇筑混凝土时模板倾覆的装置

【答案】BCDE

【解析】A选项错误，对建在地表水水体中、岸边及地下水位以下的构筑物，其主体结构宜在枯水期施工。

2.城市给水排水处理厂站工程安全技术控制要点中，根据工程设计文件和施工组织设计文件编制监测方案，在抗浮工程施工期和使用期全过程对（　　）等监测项目进行监测并制定相应的应急处理措施。

A.锚杆和抗浮桩的应力、应变　　B.抗浮板的竖向变形

C.抗浮板的裂缝渗漏　　D.基础及底层柱的变形

E.地层与管片的接触应力

【答案】ABCD

【解析】根据工程设计文件和施工组织设计文件编制监测方案，在抗浮工程施工期和使用期全过程对锚杆和抗浮桩的应力、应变，抗浮板的竖向变形和裂缝渗漏，基础及底层柱的变形等监测项目进行监测并制定相应的应急处理措施。

3.预制构件安装后，临时固定措施的拆除应在装配式结构能达到后续施工要求的（　　）要求后进行。

A.承载力　　B.刚度

C.稳定性　　D.抗浮力

E.侧向力

【答案】ABC

【解析】临时固定措施的拆除应在装配式结构能达到后续施工要求的承载力、刚度及稳定性要求后进行。

考点61　城市给水排水处理厂站工程质量控制要点★★

1.给水排水处理厂站地基与基础工程质量验收中，基坑开挖的主要质量控制指标包括（　　）。

A.基底不应受浸泡或受冻　　B.天然地基不得扰动、超挖

C.地基承载力应符合设计要求　　D.基底无隆起、沉陷、涌水（砂）等现象

E.锚杆抗拔能力、压浆强度

【答案】ABCD

【解析】基坑开挖的主要质量控制指标：基底不应受浸泡或受冻；天然地基不得扰动、超挖；地基承载力应符合设计要求；基坑边坡稳定、围护结构安全可靠，无变形、沉降、位移，无线流现象；基底无隆起、沉陷、涌水（砂）等现象。E选项属于抗浮锚杆质量验收的主要控制指标。

2.防止混凝土水池池壁裂缝的控制措施有（　　）。

A.严格控制混凝土原材料质量　　B.合理设置后浇带

C.确保模板支架稳固　　D.提高水灰比

E.延长拆模时间和外保温，控制内外温差

【答案】ABCE

【解析】给水排水混凝土构筑物防渗漏控制措施：（1）控制混凝土原材料和配合比。（2）确保模板支架稳固，防止沉陷裂缝的产生；模板接缝处严密平整，变形缝止水带安装符合设计要求。（3）减小混凝土结构内外温差，减少温度裂缝，控制混凝土入模温度和入模坍落度，做好浇筑振捣工作，采取适当的养护方式减少温度裂缝。（4）合理设置后浇带，后浇带处的模板及支架独立设置。（5）延长拆模时间和外保温，控制内外温差；地下部分结构在拆模后及时回填，控制早期、中期开裂。

考点62　城市给水排水处理厂站工程季节性施工措施★★

1.当构筑物无抗浮设计时，雨汛期水池施工中的抗浮措施有（　　）。

A.构筑物下及基坑内四周埋设排水盲管（盲沟）和抽水设备

B.基坑四周设防汛墙，防止外来水进入基坑

C.必要时放水进入构筑物，使构筑物内外无水位差

D.增加池体钢筋所占比例

E.备有应急供电和排水设施并保证其可靠性

【答案】ABCE

【解析】当给水排水处理厂站工程构筑物无抗浮设计时，雨期施工过程必须采取抗浮措施。施工中常采用的抗浮措施如下：（1）基坑四周设防汛墙，防止外来水进入基坑；建立防汛组织，强化防汛工作。（2）构筑物下及基坑内四周埋设排水盲管（盲沟）和抽水设备，一旦发生基坑内积水随即排除。（3）备有应急供电和排水设施并保证其可靠性。（4）引入地下水和地表水等外来水进入构筑物，使构筑物内、外无水位差，以减小其浮力，使构筑物结构免于破坏。

2.混凝土结构宜采取蓄热法养护，养护时间不少于（　　）d，期间根据温度变化，及时调整养护措施以确保结构养护质量。

A.7　　B.14　　C.21　　D.28

【答案】B

【解析】混凝土结构宜采取蓄热法养护，养护时间不少于14d，期间根据温度变化，及时调整养护措施以确保结构养护质量。

专题练习

【案例1】

A公司承建的某地下水池工程，为现浇钢筋混凝土结构。混凝土设计强度为C35，抗渗等级为P8，水池结构内设有三道钢筋混凝土隔墙，顶板上设置有通气孔及人孔。水池结构如图4-1、图4-2所示。

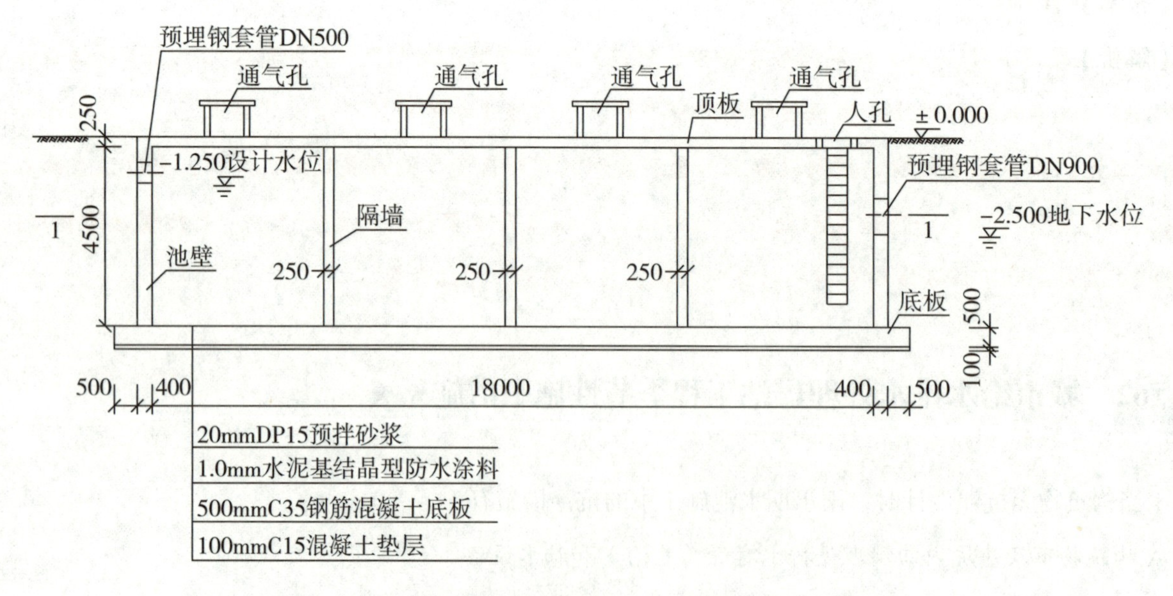

图4-1　水池剖面图（标高单位：m；尺寸单位：mm）

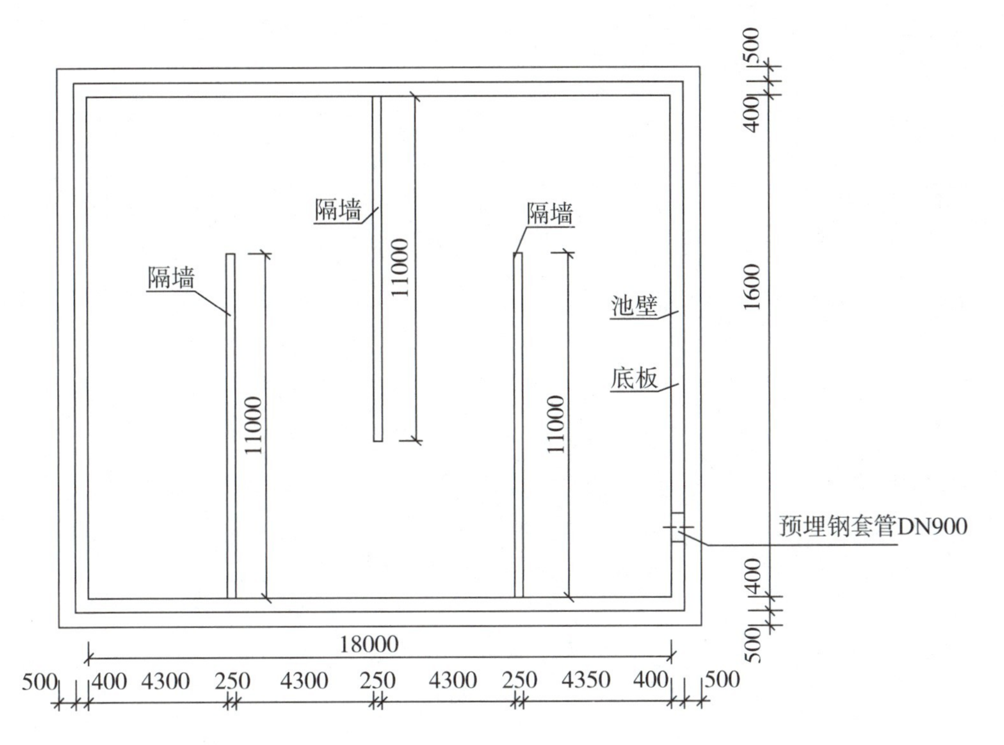

图4–2 1–1剖面图（单位：mm）

A公司项目部将场区内降水工程分包给B公司。结构施工正值雨期，为满足施工开挖及结构抗浮要求，B公司编制了降排水方案，经项目部技术负责人审批后报送监理单位。

水池顶板混凝土采用支架整体现浇，项目部编制了顶板支架支拆施工方案，明确了拆除支架时混凝土强度、拆除安全措施，如设置上下爬梯、洞口防护等。

项目部计划在顶板模板拆除后，进行底板防水施工，然后再进行满水试验，被监理工程师制止。

项目部编制了水池满水试验方案。方案中对试验流程、试验前准备工作、注水过程、水位观测、质量、安全等内容进行了详细的描述，经审批后进行了满水试验。

【问题】

1.B公司方案报送审批流程是否正确？请说明理由。

2.请说明B公司降水注意事项、降水结束时间。

3.项目部拆除顶板支架时，混凝土强度应满足什么要求？请说明理由。请举例拆除支架时，还有哪些安全措施。

4.请说明监理工程师制止项目部施工的理由。

5.满水试验前，需要对哪个部位进行压力验算？水池注水过程中，项目部应关注哪些易渗漏水部位？除了对水位观测外还应对哪个项目进行观测？

6.请说明满水试验水位观测时，水位测针的初读数与末读数的测读时间，计算池壁和池底的浸湿面积（单位：m^2）。

答题区

参考答案

1.不正确。

B公司编制专项施工方案，专项施工方案应当由A公司单位技术负责人及B公司单位技术负责人共同审核并加盖单位公章，后报总监理工程师审查，由于基坑深度超过5m，最终还需要专家论证，论证通过后方可实施。

2.（1）降水注意事项：

①地下水位降至基坑底以下不少于500mm。

②对降水所有机具做好保养维护，并有备用机具。

③在施工过程中不得间断降水排水，并应对降水排水系统进行检查和维护。

④对水池和降水影响范围内的地面、管线、建筑物进行沉降观测。

（2）降水结束时间：底板混凝土强度达到设计强度等级且满足抗浮要求时。

3.（1）跨度＞8m，拆除顶板支架时，顶板混凝土强度应达到设计的混凝土立方体抗压强度标准值的100%。

（2）①现场应设作业区，其边界设警示标志，并由专人值守，非作业人员严禁入内。

②采用机械作业时应由专人指挥。

③应按施工方案或专项方案要求由上而下逐层进行，严禁上下同时作业。

④严禁敲击、硬拉模板、杆件和配件。

⑤严禁抛掷模板、杆件、配件。

⑥拆除的模板、杆件、配件应分类码放。

4.应先进行满水试验，再做现浇钢筋混凝土池体的防水层。

5.（1）对池壁的DN900预埋钢套管。

（2）池壁施工缝、池壁对拉螺栓两端、预埋钢套管、冲水、充气及排水闸门。

（3）沉降观测。

6.（1）注水至设计水深24h后，开始测读水位测针的初读数，不少于24h后测读水位针的末读数。

（2）池壁浸湿面积：（16+18+16+18）×（4.5+0.25-1.25）=238（m^2）。

池底浸湿面积：16×18=288（m^2）。

【考向预测】本题考查的是满水试验浸湿面积的计算。该考点在市政考试中已多次考核。在备考过程中，需要注意以下三点：第一是中间的隔墙面积不应计算在内。第二是应加强识图能力，结合图片，建立3D空间立体模型，找准关键数值。第三是要注意计算题中单位的换算，要保持单位一致。

【案例2】

某城市水厂改扩建工程，内容包括多个现有设施改造和新建系列构筑物。新建的一座半地下式混凝沉淀池，池壁高度为5.5m，设计水深4.8m，容积为中型水池，钢筋混凝土薄壁结构，混凝土设计强度C35、防渗等级P8。池体地下部分处于硬塑状粉质黏土层和夹砂黏土层，有少量浅层滞水，无须考虑降水施工。

鉴于工程项目结构复杂，不确定因素多。项目部进场后，项目经理主持了设计交底；在现场调研和审图基础上，向设计单位提出多项设计变更申请。

项目部编制的混凝沉淀池专项施工方案内容包括：明挖基坑采用无支护的放坡开挖形式；池底板设置后浇带分次施工，池壁竖向分两次施工，施工缝设置钢板止水带，模板采用特制钢模板，防水对拉螺栓固定。沉淀池施工横断面布置如图4-3所示。依据进度计划安排，施工进入雨期。

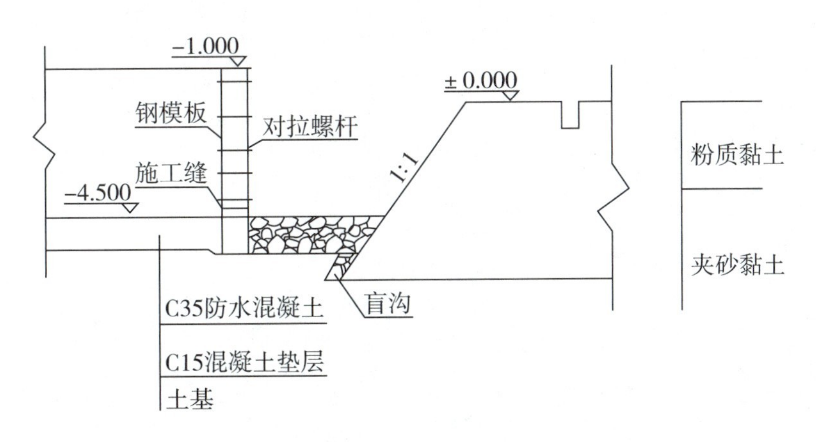

图4-3　混凝沉淀池施工缝断面图（单位：m）

混凝沉淀池专项施工方案经修改和补充后获准实施。池壁混凝土首次浇筑时发生跑模事故，经检查确定为对拉螺栓滑扣所致。池壁混凝土浇筑完成后挂编织物洒水养护，监理工程师巡视发现编织物呈干燥状态，发出整改通知。依据厂方意见，对所有改造和新建的给水构筑物进行单体满水试验。

【问题】

1.项目经理主持设计交底的做法有无不妥之处？如不妥，写出正确做法。

2.项目部申请设计变更的程序是否正确？如不正确，给出正确做法。

3.找出图4-3中存在的应修改和补充之处。

4.试分析池壁混凝土浇筑跑模事故的可能原因。

5.监理工程师为何要求整改混凝土养护工作？简述养护的技术要求。

6.写出满水试验时混凝沉淀池的注水次数和高度。

答题区

参考答案

1.项目经理主持设计交底不妥，应由建设单位组织，设计、监理、施工单位参加。

2.不正确。应向监理工程师和建设单位提出变更申请，建设单位联系设计单位出具变更图纸，总监理工程师发出变更令，施工单位根据变更令和变更后图纸实施变更。

3.（1）修改之处：①池壁顶标高错误，应为 + 1.000m；②盲沟紧邻边坡坡脚不妥，盲沟底部应防渗；③边坡应改为缓于1：1.25；④不同土质处应该采用分级过渡平台或者设置为折线形边坡。

（2）补充之处：①内外模板采用对拉螺栓固定时，应该在对拉螺栓的中间设置防渗止水片；②施工缝处应该设置钢板止水带；③缺少集水井和水泵；④垫层之后先施工防水层，再施工底板。⑤防淹墙、安全梯等安全措施未设置。

4.（1）施工前安全技术交底不充分；

（2）对拉螺杆设置间距过大，或直径、强度、规格不符合要求；

（3）模板支撑强度和刚度未进行受力验算或未通过受力验算；

（4）混凝土分层厚度太厚，或混凝土浇筑过快；

（5）振捣棒作用到模板和支撑；

（6）浇筑前未检查模板支架，过程中未安排专人检查模板支架。

5.因为编织物已干，会导致混凝土裂缝，影响抗渗性。

应进行薄膜覆盖保湿养护14d以上。

6.三次，每次注水深为设计深度的1/3，即为1.6m。

第一次注水高度：距池底1.6m，高程为-4.5+1.6=-2.9（m）；（可先注水至池壁底部施工缝以上，检查底板抗渗质量，当无明显渗漏时，再继续注水至第一次注水深度）

第二次注水高度：距池底3.2m，高程为-2.9+1.6=-1.3（m）；

第三次注水高度：距池底4.8m，高程为-1.3+1.6=+0.3（m）。

【考向预测】本题考查的是满水试验的流程。在备考策略上，第一主要是区分结构高度和设计高度；第二是按照注水的试验要求，每天最快2m，注三次水，中间间隔24个小时；第三是针对案例计算题，一定要有计算过程。

【案例3】

某公司中标污水处理厂升级改造工程，处理规模为70万m^3/d。其中包括中水处理系统。中水处理系统的配水井为矩形钢筋混凝土半地下室结构，平面尺寸为17.6m × 14.4m，高11.8m，设计水深9m；底板、顶板厚度分别为1.1m，0.25m。

施工过程中发生了如下事件：

事件一：配水井基坑边坡坡度1：0.7（基坑开挖不受地下水影响），采用厚度6 ~ 10cm的细石混凝土护面。配水井顶板现浇施工采用扣件式钢管支架，支架剖面如图4-4所示。方案报公司审批时，主管部门认为基坑缺少降、排水设施，顶板支架缺少重要杆件，要求修改补充。图4-5为模板对拉螺栓细部结构图，图4-6为拆模后螺栓孔处置节点图。

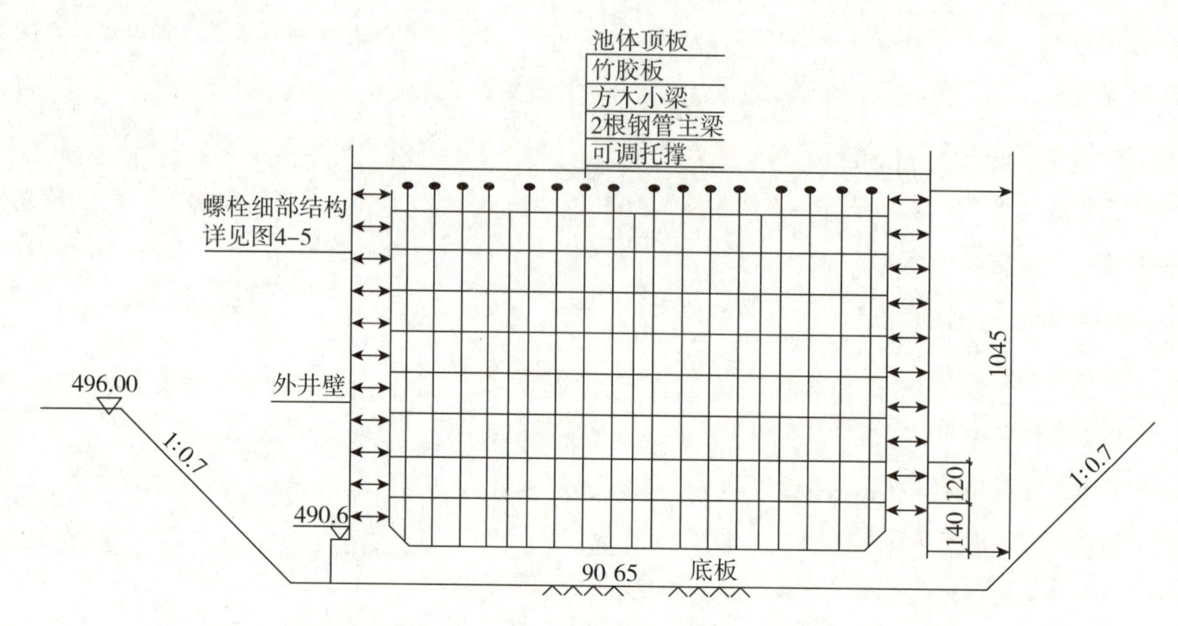

图4-4　配水井顶板支架剖面示意图（标高单位：m；尺寸单位：cm）

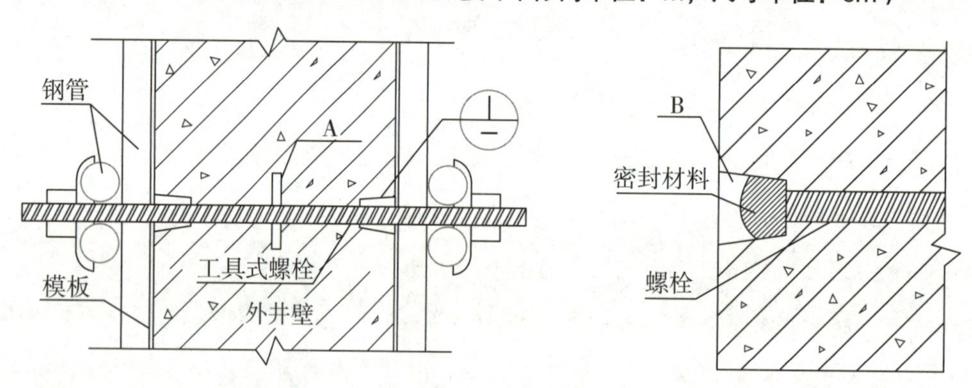

图4-5　模板对拉螺栓细部结构图　　图4-6　拆模后螺栓孔处置节点图

事件二：在基坑开挖时，现场施工员认为土质较好，拟取消细石混凝土护面，被监理工程师发现后制止。

事件三：项目部识别了现场施工的主要危险源，其中配水井施工现场的主要易燃易爆物体包括脱模剂、油漆稀释料……。项目部针对危险源编制了应急预案，给出了具体预防措施。

事件四：施工过程中，由于设备安装工期压力，中水管道未进行功能性试验就进行了道路施工（中水管在道路两侧）。试运行时中水管道出现问题，破开道路对中水管进行修复造成经济损失180万元，施工单位为此向建设单位提出费用索赔。

【问题】

1.图4-4中基坑缺少哪些降、排水设施？顶板支架缺少哪些重要杆件？

2.指出图4-5、图4-6中A、B名称，简述本工程采用这种形式螺栓的原因？

3.事件二中，监理工程师为什么会制止现场施工员行为？取消细石混凝土护面应履行什么手续？

4.事件三中，现场的易燃易爆物体危险源还应包括哪些？

5.事件四所造成的损失能否索赔？说明理由。

6.配水井满水试验至少应分几次？分别列出每次充水高度。

答题区

参考答案

1.（1）缺少的降、排水设施：①排水沟；②集水井；③抽水泵；④截水沟等；等等。

（2）顶板支架缺少的杆件：①斜撑；②底座；③剪刀撑；④扫地杆；⑤顶托等；等等。

2.A是防渗止水片（环），B是（防水）水泥砂浆；

原因：（1）固定模板，平衡混凝土侧压力，防止胀模；（2）可以防水；（3）两端可以取出，拆卸方便，不留隐患。

3.（1）制止原因：①施工单位（施工员）不得擅自变更施工方案；②细石混凝土护面属于基坑边坡防护措施，取消可能会对边坡安全稳定造成不利影响。

（2）履行手续：基坑深度超过5m，需编制安全专项施工方案并进行专家论证；如取消细石混凝土，施工单位应提出安全专项方案变更申请，重新组织专家论证，论证通过可取消细石混凝土护面，变更后方案还应经施工单位技术负责人、总监理工程师和建设单位项目负责人签批后，由专职安全员监督落实。

4.施工现场的易燃易爆危险源还应包括：氧气瓶、乙炔瓶、液化气、油料（汽油、柴油等）、涂料、顶托上方木小梁、竹木模板、活动板房、电线电缆等。

5.事件四所造成的损失不可以索赔。理由：施工单位未进行功能性试验就进行了下道工序的施工，违反了设计和规范要求，是造成试运行出现问题的直接和主要原因，这属于施工单位自身责任。

6.满水试验至少分三次进行，每次为设计水深的三分之一，即3m。

第一次注水：490.6+3=493.6（m）；第一次注水期间应先注到池壁底部施工缝处检查，无明显渗漏时，再继续注水至第一次注水深度。

第二次注水：493.6+3=496.6（m）。

第三次注水：496.6+3=499.6（m）。

【案例4】

某公司中标给水厂扩建升级工程，主要内容有新建臭氧接触池和活性炭吸附池。其中臭氧接触池为半地下钢筋混凝土结构，混凝土强度等级C40、抗渗等级P8。

臭氧接触池平面有效尺寸为25.3m×21.5m，在宽度方向设有6道隔墙，间距1～3m，隔墙一端与池壁相连，交叉布置；池壁上宽200mm，下宽350mm；池底板厚300mm，C15混凝土垫层厚150mm；池顶板厚200mm；池底板顶面标高-2.750m，顶板顶面标高5.850m。现场土质为湿软粉质砂土，地下水位标高-0.6m。臭氧接触池立面如图4-7所示。

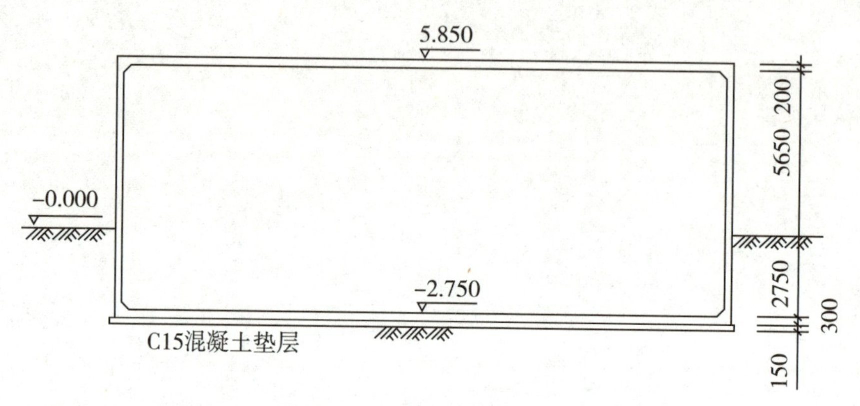

图4-7　臭氧接触池立面示意图（高程单位：m；尺寸单位：mm）

项目部编制的施工组织设计经过论证审批，臭氧接触池施工方案有如下内容：

（1）将降水和土方工程施工分包给专业公司。

（2）池体分次浇筑，在池底板顶面以上300mm和顶板底面以下200mm的池壁上设置施工缝；分次浇筑编号：①底板（导墙）浇筑；②池壁浇筑；③隔墙浇筑；④顶板浇筑。

（3）浇筑顶板混凝土采用满堂布置扣件式钢管支（撑）架，监理工程师对现场支（撑）架钢管抽样检测结果显示：壁厚均没有达到规范规定，要求项目部进行整改。

【问题】

1.依据《中华人民共和国建筑法》规定，降水和土方工程施工能否进行分包？请说明理由。

2.依据浇筑编号给出水池整体现浇施工顺序（流程）。

3.列式计算基坑的最小开挖深度和顶板支架高度。

4.依据住建部《危险性较大的分部分项工程安全管理规定》和计算结果，需要编制哪些专项施工方案？是否需要组织专家论证？

5.有关规范对支架钢管壁厚有哪些规定？项目部可采取哪些整改措施？

答题区

参考答案

1.可以分包。

理由：经建设单位同意，建筑工程总承包单位可以将承包工程中主体结构以外的部分工程发包给具有相应资质条件的分包单位，降水和土方开挖不是主体结构工程，经建设单位同意后可以分包。

2.①底板（导墙）浇筑→②池壁浇筑→③隔墙浇筑→④顶板浇筑。

3.（1）基坑最小开挖深度：0.000-（-2.750）+0.3+0.15=3.2（m）；

（2）顶板支架高度：5.850-0.2-（-2.750）=8.4（m），或5.65+2.75=8.4（m）。

4.（1）需要编制的专项施工方案：基坑开挖、支护、降水工程；模板工程及支撑工程；脚手架工程；起重吊装与安拆工程。

（2）模板工程及支撑工程需要组织专家论证，因为顶板模板支架高度为8.4m＞8m。

5.（1）壁厚3.6mm，允许偏差±0.36mm。[《建筑施工扣件式钢管脚手架安全技术规范》（JGJ 130—2011）]。

（2）整改措施：将壁厚不足的钢管退场处理，不得继续使用，重新进场壁厚符合规范要求的钢管。

专题五 管道工程

导图框架

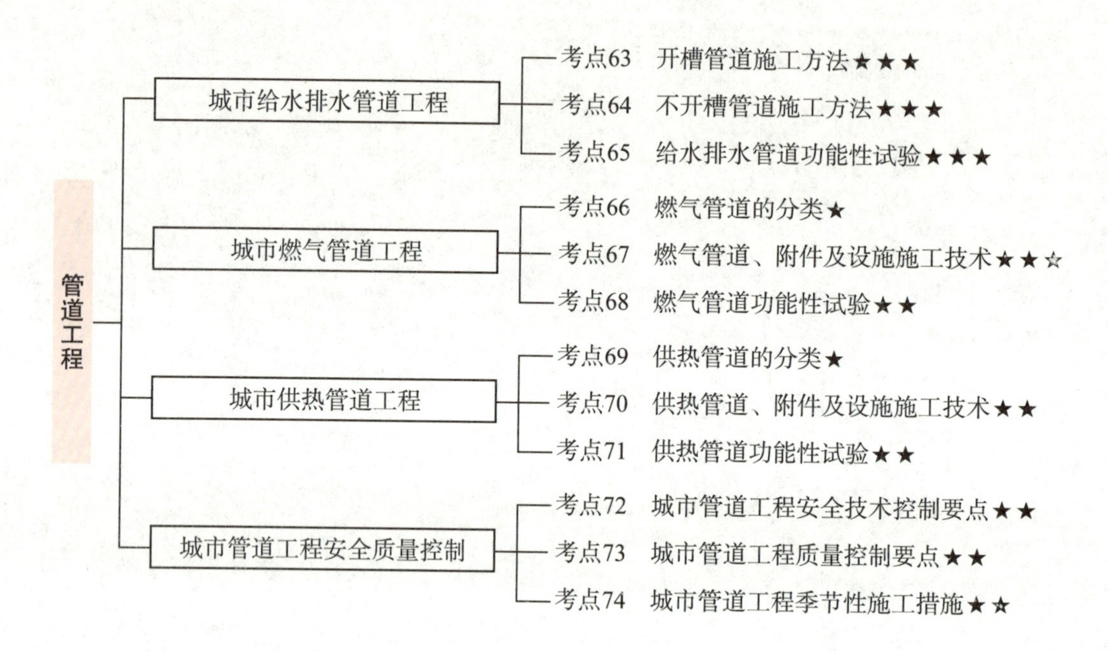

专题雷达图

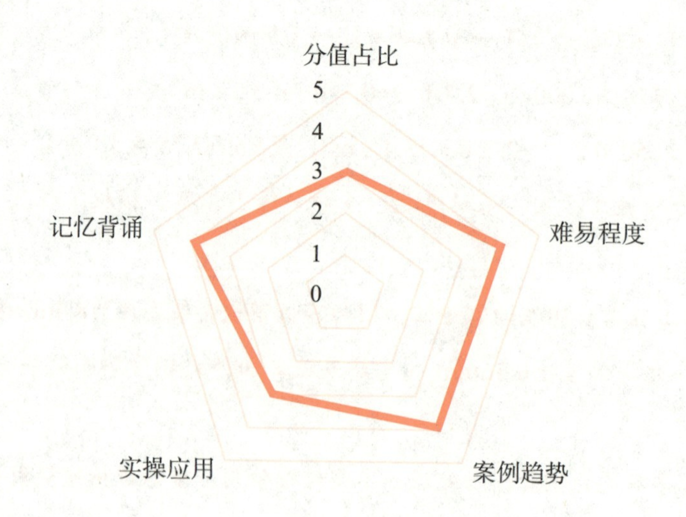

分值占比：★★★

本专题在每年考试当中分值平均为18分，占比约11%，属于技术部分中的第三梯队。

难易程度：★★★★

本专题综合难度中等偏上，考点比较杂而且多，需要注意三大类管道各类指标对比。

案例趋势：★★★★

本专题涵盖三大类管道（给排水、燃气、供热），考核案例的趋势依次递减。

实操应用：★★★

本专题中的沟槽开挖及支护，可以结合基坑的开挖支护降水相关考点进行对比考核。不开槽管道施工中的顶管、定向钻和夯管三个工法，注意可能会结合施工地质环境、施工长度、管径大小等信息出现工法变更类题目。

记忆背诵：★★★★

本专题知识点较为零碎，在不开槽管道施工中，注意捋清楚各自工序，熟悉结构相关名词。另外功能性试验涉及数字记忆类知识点较多，注意把握核心重点，不可面面俱到。

考点练习

考点63　开槽管道施工方法★★★

1.关于沟槽开挖与支护相关规定的说法，正确的是（　　）。

A.机械开挖可一次挖至设计高程

B.每次人工开挖槽沟的深度可达3m

C.槽底土层为腐蚀性土时，应按设计要求进行换填

D.槽底被水浸泡后，不宜采用石灰土回填

【答案】C

【解析】A选项错误，给排水管道沟槽机械开挖时预留200～300mm土层，由人工开挖至设计高程，整平。B选项错误，人工开挖沟槽的槽深超过3m时应分层开挖，每层的深度不超过2m。D选项错误，槽底局部扰动或受水浸泡时，宜采用天然级配砂砾石或石灰土回填。

【考向预测】本题考查的是沟槽开挖与支护的技术要点。在备考策略上，主要是掌握沟槽开挖与支护的相关技术标准，这类题目的选择题主要考查正误判断，案例题主要结合题干背景改错，是近几年考试中的常规高频考点。

2.沟槽开挖到设计高程后，应由建设单位会同（　　）单位共同验槽。

A.设计

B.质量监督

C.勘察

D.施工

E.监理

【答案】ACDE

【解析】沟槽开挖至基底后，地基应由建设、勘察、设计、施工和监理等单位共同验收；对不符合设计要求的地基，由设计或勘察单位提出地基处理意见，施工单位根据其制定处理方案。

3.在相同施工条件下，采用放坡法开挖沟槽，边坡坡度最陡的土质是（　　）。

A.硬塑的粉土　　B.硬塑的黏土　　C.老黄土　　D.经井点降水后的软土

【答案】C

【解析】见表5-1。

表5-1　深度在5m以内的沟槽边坡的最陡坡度

土的类别	边坡坡度（高：宽）		
	坡顶无荷载	坡顶有静载	坡顶有动载
中密的砂土	1：1.00	1：1.25	1：1.50
中密的碎石类土（充填物为砂土）	1：0.75	1：1.00	1：1.25
硬塑的粉土	1：0.67	1：0.75	1：1.00
中密的碎石类土（充填物为黏性土）	1：0.50	1：0.67	1：0.75
硬塑的粉质黏土、黏土	1：0.33	1：0.50	1：0.67
老黄土	1：0.10	1：0.25	1：0.33
软土（经井点降水后）	1：1.25	—	—

考点64　不开槽管道施工方法★★★

1.选择不开槽管道施工方法应考虑的因素有（　　）。

A.施工成本

B.施工精度

C.测量方法

D.地质条件

E.适用管径

【答案】ABDE

【解析】见表5-2。

表5-2　不开槽施工方法与适用条件

施工工法	密闭式顶管	盾构	浅埋暗挖	水平定向钻	夯管
工法优点	施工精度高	施工速度快	适用性强	施工速度快	施工速度快、成本较低
工法缺点	施工成本高	施工成本高	施工速度慢、施工成本高	控制精度低	控制精度低
适用范围	给水排水管道、综合管道	给水排水管道、综合管道	给水排水管道、综合管道	钢管、PE管	钢管
适用管径（mm）	ϕ300～ϕ4000	ϕ3000以上	ϕ1000以上	ϕ300～ϕ1200	ϕ200～ϕ1800
管道轴线偏差	不大于±50mm	不大于50mm	不大于30mm	小于0.5倍管道内径	不可控
施工距离	较长	长	较长	较短	短
适用地质条件	各种土层	除硬岩外的相对均质地层	各种土层	砂卵石地层不适用	含水地层不适用、砂卵石地层困难

【考向预测】本题考查的是不开槽管道施工方法。在备考策略上，主要通过工法优缺点进行两个大方向的划分，然后再细化每一个施工方法的特点和所针对适用的地层环境。该内容是近几年多选题常规高频考点。

2.适用于管径为800mm的管道不开槽施工方法有（　　）。

A.盾构法　　B.定向钻法

C.密闭式顶管法　　D.夯管法

E.浅埋暗挖法

【答案】BCD

【解析】见表5-2。

3.施工速度慢、适用各种土层的不开槽管道施工方法是（　　）。

A.夯管法　　B.定向钻法　　C.浅埋暗挖法　　D.密闭式顶管法

【答案】C

【解析】见表5-2。

考点65　给水排水管道功能性试验★★★

1.压力管道试验准备工作的内容有（　　）。

A.试验管段所有敞口应封闭，不得有渗漏水现象

B.试验前应清除管内杂物

C.试验段内不得用闸阀做堵板

D.试验段内消火栓安装完毕

E.应做好水源引接、排水等疏导方案

【答案】ABCE

【解析】压力管道试验准备工作：试验管段所有敞口应封闭，不得有渗漏水现象；试验管段不得用闸阀作堵板，不得含有消火栓、水锤消除器、安全阀等附件；水压试验前应清除管道内的杂物；应做好水源引接、排水等疏导方案。

2.给水管道水压试验时，向管道内注水浸泡的时间，正确的是（　　）。

A.有水泥砂浆衬里的球墨铸铁管不少于12h

B.有水泥砂浆衬里的钢管不少于24h

C.内径不大于1000mm的自应力混凝土管不少于36h

D.内径大于1000mm的自应力混凝土管不少于48h

【答案】B

【解析】水压试验，试验管段注满水后浸泡时间规定如下：（1）球墨铸铁管（有水泥砂浆衬里）、钢管（有水泥砂浆衬里）、化学建材管不少于24h；（2）内径小于1000mm的现浇钢筋混凝土管渠、预（自）应力混凝土管、预应力钢筒混凝土管不少于48h；（3）内径大于1000mm的现浇钢筋混凝土管渠、预（自）应力混凝土管、预应力钢筒混凝土管不少于72h。

3.关于无压管道功能性试验的说法，正确的是（　　）。

A.当管道内径大于700mm时，可抽取1/3井段数量进行试验

B.污水管段长度300m时，可不做试验

C.可采用水压试验

D.试验期间渗水量的观测时间不得小于20分钟

【答案】A

【解析】A选项正确，当管道内径大于700mm时，可按管道井段数量抽样选取1/3进行试验。B选项错误，污水、雨污水合流管道及湿陷土、流砂地区的雨水管道，必须经严密性试验合格后方可投入运行。C选项错误，压力管道功能性试验为水压试验；无压管道功能性试验为严密性试验。D选项错误，渗水量的观测时间不得小于30min，渗水量不超过允许值试验合格。

考点66　燃气管道的分类★

1.大城市输配管网系统外环网的燃气管道压力一般为（　　）。

A.高压A　　B.高压B　　C.中压A　　D.中压B

【答案】B

【解析】一般由城市高压B燃气管道构成大城市输配管网系统的外环网。

【考向预测】本题考查的是燃气管网压力等级的区分。在备考策略上，要记住燃气管网高压、次高压、中压、低压的压力值划分+所适用的管材类别。该内容是近几年考试中的常规高频考点，主要出现在单选题和案例问答题里。

2.高压和中压A管道用以下哪种材料（　　）。

A.钢管　　B.铸铁管　　C.聚乙烯管　　D.聚氯乙烯管

【答案】A

【解析】高压和中压A燃气管道，应采用钢管；中压B和低压燃气管道，宜采用钢管或机械接口铸铁管。中、低压地下燃气管道采用聚乙烯管材时，应符合有关标准的规定。

考点67　燃气管道、附件及设施施工技术★★★

1.燃气管道采用水平定向钻施工时，下列说法正确的有（　　）。

A.宜选择在砾石层铺管

B.PE管热熔焊接翻边宽度值不应超过平均值的±2mm，并经外观检验合格

C.钢管焊接后应进行外观检验和射线检测，并进行防腐处理

D.常用的非开挖管道敷设方法有水平定向钻施工、顶管和夯管等

E.施工单位应根据设计人员的现场交底和工程设计图纸，对设计管线穿越段进行探测，核实施工现场既有地下管线或设施的埋深及位置，并编制该工程的施工组织设计

【答案】BCDE

【解析】A选项错误，应根据土层条件和环境要求选择适宜的施工方法和技术措施，不宜选择在砾石层铺管。

2.燃气管道采用水平定向钻施工时，淤泥质黏土适用（　　）。

A.镶焊硬质合金，中等尺寸弯接头钻头

B.小锥型掌面的铲形钻头

C.较大掌面的铲形钻头

D.中等掌面的铲形钻头

【答案】C

【解析】淤泥质黏土适用较大掌面的铲形钻头。

3.燃气管道采用水平定向钻施工时，关于导向孔钻进施工的做法，正确的有（　　）。

A.导向孔决定管道铺设的最终位置，导向孔施工的关键是钻孔轨迹的监测和控制

B.钻孔时应匀速钻进，并严格控制钻进给进力和钻进方向

C.钻进应保持钻头正确姿态，发生偏差应及时纠正，且采用大角度逐步纠偏

D.第一根钻杆入土钻进时，应采取轻压慢转的方式，稳定钻进导入位置和保证入土角，且入土段和出土段应为直线钻进，其直线长度宜控制在20m左右

E.钻孔的轨迹偏差不得小于终孔直径，超出误差允许范围宜退回进行纠偏

【答案】ABD

【解析】C选项错误，钻进应保持钻头正确姿态，发生偏差应及时纠正，且采用小角度逐步纠偏。E选项错误，钻孔的轨迹偏差不得大于终孔直径，超出误差允许范围宜退回进行纠偏。

4.水平定向钻的扩孔钻头连接顺序为（　　）。

A.钻杆→扩孔钻头→分动器→转换卸扣→钻杆

B.钻杆→分动器→扩孔钻头→转换卸扣→钻杆

C.钻杆→扩孔钻头→转换卸扣→分动器→钻杆

D.钻杆→分动器→转换卸扣→扩孔钻头→钻杆

【答案】A

【解析】水平定向钻的扩孔钻头连接顺序：钻杆→扩孔钻头→分动器→转换卸扣→钻杆。

考点68　燃气管道功能性试验★★

1.安装后需进行管道吹扫、强度试验和严密性试验的是（　　）管道。

A.供热　　B.供水　　C.燃气　　D.排水

【答案】C

【解析】燃气管道功能性试验的规定：管道安装完毕后应依次进行管道吹扫、强度试验和严密性试验。事前应编制施工方案，制定安全措施，做好交底工作，确保施工人员及附近民众与设施的安全。

【考向预测】本题考查的是燃气管道的功能性试验。在备考策略上，第一是掌握燃气管道功能性试验的流程，第二是熟悉各个试验阶段的合格判定标准。该内容主要出现在单选题和案例问答题里，是比较常规的考点。

2.0.2MPa的钢管燃气管道，强度试验的压力为（　　）MPa，试验介质为（　　）。

A.0.3；水　　B.0.3；压缩空气　　C.0.4；水　　D.0.4；压缩空气

【答案】D

【解析】本题钢管设计压力为0.2MPa，当钢管设计压力$PN \leqslant 0.8$MPa时，要求试验压力为1.5PN且不小于0.4MPa，那么计算可得0.2×1.5=0.3（MPa）（<0.4MPa），所以本题正确答案应为：试验压力0.4MPa，试验介质为压缩空气。

3.燃气管道的功能性试验有（　　）。

A.强度试验　　B.严密性试验

C.管道吹扫　　D.水压试验

E.无损探伤

【答案】ABC

【解析】燃气管道在安装过程中和投入使用前应进行管道功能性试验，应依次进行管道吹扫、强度试验和严密性试验。

考点69　供热管道的分类★

热力管道敷设方式分类中，当敷设的独立管道支架离地面高度为3m时，该管道支架应分为（　　）。

A.超高支架类　　B.高支架类

C.中支架类　　D.低支架类

【答案】C

【解析】按其支撑结构高度不同，可分为高支架（$H \geqslant 4m$）、中支架（$2m \leqslant H < 4m$）、低支架（$H < 2m$）。

考点70　供热管道、附件及设施施工技术★★★

1.下列阀门中只允许介质单向流动的是（　　）。

A.止回阀　　B.球阀　　C.蝶阀　　D.闸阀

【答案】A

【解析】止回阀是利用本身结构和阀前阀后介质的压力差来自动启闭的阀门，它的作用是使介质只做一个方向的流动，而阻止其逆向流动。

2.疏水阀在蒸汽管网中的作用包括（　　）。

A.排除空气　　B.阻止蒸汽逸漏

C.调节流量　　D.排放凝结水

E.防止水击

【答案】ABDE

【解析】疏水阀安装在蒸汽管道的末端或低处，主要用于自动排放蒸汽管路中的凝结水，阻止蒸汽逸漏和排除空气等非凝性气体，对保证系统正常工作，防止凝结水对设备的腐蚀以及汽水混合物对系统的水击等均有重要作用。

3.利用补偿材料的变形来吸收热伸长的补偿器有（　　）。

A.自然补偿器　　B.方形补偿器

C.波纹管补偿器　　D.填料式补偿器

E.球形补偿器

【答案】ABC

【解析】自然补偿器、方形补偿器和波纹管补偿器是利用补偿材料的变形来吸收热伸长的，而套筒（填料）式补偿器和球形补偿器则是利用管道的位移来吸收热伸长的。

【考向预测】本题考查的是供热管网补偿器的类型。在备考策略上，要掌握补偿器材料的类别和区分补偿的方式（补偿材料的变形+位移），以及各自的优缺点，这些是比较常规的供热附件考点。

考点71　供热管道功能性试验★★

1.下列关于供热管道功能性试验的说法，正确的是（　　）。

A.管道接口防腐、保温后进行

B.试验压力为1.5倍设计压力，且不小于0.5MPa

C.压力表应放在两端

D.管道自由端的临时加固装置安装完成并经检验合格后进行

【答案】D

【解析】A选项错误，供热管道强度试验应在试验段内的管道接口防腐、保温施工及设备安装前进行；严密性试验应在试验范围内的管道、支架、设备全部安装完毕，且固定支架的混凝土已达设计强度，管道自由端临时加固完成后进行。B选项错误，强度试验的试验压力为1.5倍设计压力，且不得低于0.6MPa。严密性试验的试验压力为1.25倍设计压力，且不得低于0.6MPa。C选项错误，压力表应安装在试验泵出口和试验系统末端。

2.关于供热站内管道和设备严密性试验的实施要点的说法，正确的是（　　）。

A.仪表组件应全部参与试验

B.仪表组件可采取加盲板方法进行隔离

C.安全阀应全部参与试验

D.闸阀应全部采取加盲板方法进行隔离

【答案】B

【解析】对于供热站内管道和设备的严密性试验，试验前还需确保安全阀、爆破片及仪表组件等已拆除或加盲板隔离。

3.关于供热管网工程试运行的说法，错误的有（　　）。

A.工程完工后即可进行试运行

B.试运行应按建设单位、设计单位认可的参数进行

C.试运行中严禁对紧固件进行热拧紧

D.试运行中应重点检查支架的工作状况

E.试运行的时间应为连续运行48h

【答案】ACE

【解析】A选项错误，试运行在单位工程验收合格，完成管道清洗并且热源已具备供热条件后进行。C选项错误，在试运行期间，管道、法兰、阀门、补偿器及仪表等处的螺栓应进行热拧紧。E选项错误，试运行前需要编制试运行方案，并要在建设单位、设计单位认可的条件下连续运行72h。试运行中应对管道及设备进行全面检查，特别要重点检查支架的工作状况。

考点72 城市管道工程安全技术控制要点★★

1.关于城市管道工程土方及沟槽施工安全控制要求的说法，正确的有（ ）。

A.在距直埋缆线2m范围内和距各类管道1m范围内，应机械开挖

B.合槽施工开挖土方时，应先浅后深

C.开挖深层管道土方时，不宜扰动浅层管道的土基，受条件限制而在施工中产生扰动时，应对扰动的土基按设计规定进行处理

D.回填过程中不得影响构筑物的安全，并应检查墙体结构强度、盖板或其他构件安装强度，当能承受施工操作动荷载时，方可进行回填

E.管顶或结构顶以上500mm范围内应采用人工夯实，不得采用动力夯实机或压路机压实

【答案】CDE

【解析】A选项错误，在距直埋缆线2m范围内和距各类管道1m范围内，应人工开挖，不得机械开挖。B选项错误，合槽施工开挖土方时，应先深后浅。

2.关于不开槽管道施工安全控制的说法，错误的有（ ）。

A.隧道开挖应控制循环进尺、留设核心土，核心土面积不得大于断面的1/2

B.工作井洞口封门拆除时，在工作井进、出洞口范围可预埋注浆管，管道进入土体之前可预先注浆

C.起重作业前应试吊，吊离地面300mm左右时，应检查重物捆扎情况和制动性能，确认安全后方可起吊

D.施工供电应设置双路电源，并能自动切换；动力、照明应分路供电，作业面移动照明应采用低压供电

E.施工设备、主要配套设备和辅助系统安装完成后，应经试运行及安全性检验，合格后方可掘进作业

【答案】AC

【解析】A选项错误，隧道开挖应控制循环进尺、留设核心土，核心土面积不得小于断面的1/2。C选项错误，起重作业前应试吊，吊离地面100mm左右时，应检查重物捆扎情况和制动性能，确认安全后方可起吊。

3.采用顶管、盾构、浅埋暗挖法施工的不开槽管道工程，应根据（ ）等确定管道内通风系统模式。

A.作业环境　　B.管道长度

C.施工方法　　D.设备条件

E.土质情况

【答案】BCD

【解析】不开槽管道施工安全控制时，采用顶管、盾构、浅埋暗挖法施工的管道工程，应根据管道长度、施工方法和设备条件等确定管道内通风系统模式。

考点73 城市管道工程质量控制要点★★

1.城市热力管道焊接质量检验有（ ）。

A.对口质量检验　　B.表面质量检验

C.焊接过程检验　　D.无损探伤检验

E.强度和严密性试验

【答案】ABDE

【解析】城市热力管道焊接工程的质量检查与验收：（1）对口质量检验；（2）表面质量检验；（3）无损探伤检验；（4）强度和严密性试验。

2.供热管道对口焊接前，应重点检验（ ）。

A.坡口质量　　B.错边量

C.管道平直度　　D.对口间隙

E.纵焊缝位置

【答案】ABDE

【解析】供热管道对口焊接前，应重点检验坡口质量、对口间隙、错边量、纵焊缝位置等。坡口表面应整齐、光洁，不得有裂纹、锈皮、熔渣和其他影响焊接质量的杂物。不合格的管口应进行修整。

考点74 城市管道工程季节性施工措施★★

1.关于城市管道工程冬期施工措施的说法，错误的有（ ）。

A.水泥砂浆接口宜采用热拌水泥砂浆，热拌水泥砂浆所用水温不得超过60℃；不得使用加热水的方法融化已冻结的砂浆

B.管道沟槽两侧及管顶以上500mm范围内不得回填冻土，沟槽其他部分冻土含量不得超过15%，冻块不得大于100mm且不得集中

C.土方开挖当日未见槽底时，应将槽底200mm刨松或覆盖保温材料防冻

D.冻土层的开挖宜根据冻层的厚度、数量及经济原则选用开挖方法，可采用人工或机械凿劈冻土

E.结构物基础的地基在施工前、施工期及施工后均不得受冻

【答案】AC

【解析】A选项错误，水泥砂浆接口宜采用热拌水泥砂浆，热拌水泥砂浆所用水温不得超过80℃；不得使用加热水的方法融化已冻结的砂浆。C选项错误，土方开挖当日未见槽底时，应将槽底300mm刨松或覆盖保温材料防冻。

2.城市管道工程雨期施工时，保护沟槽的措施不包括（ ）。

A.加强边坡支护　　B.适当放大边坡坡度　　C.在槽边设置围堤　　D.随填随夯

【答案】D

【解析】雨期施工宜采取加强边坡支护，或适当放大边坡坡度、在槽边设置围堤等保护沟槽的措施；应采取措施防止地表水流向沟槽，槽内积水应及时排除。

3.城市管道工程雨期施工时，关于混凝土浇筑的说法，正确的有（　　）。

A.浇筑混凝土前应备好防水棚；未初凝的砂浆受雨水浸泡时，应调整配合比

B.浇筑完成后应及时覆盖防雨，雨后应及时检查混凝土表面并及时修补

C.如未采取良好的防护措施，小雨、中雨天气不宜进行混凝土露天浇筑，且不应进行大面积的混凝土露天浇筑作业

D.大雨、暴雨天气不得进行混凝土露天浇筑

E.混凝土运输与浇筑过程中可以淋雨

【答案】ABCD

【解析】E选项错误，混凝土运输与浇筑过程中不得淋雨。

专题练习

【案例1】

某区养护管理单位在雨季到来之前，例行城市道路与管道巡视检查，在K1+120和K1+160步行街路段沥青路面发现多处裂纹及路面严重变形。经CCTV影像显示，两井之间的钢筋混凝土平接口抹带脱落，形成管口漏水。

养护单位经研究决定，对两井之间的雨水管采取开挖换管施工，如图5-1所示。管材仍采用钢筋混凝土平口管。开工前，养护单位用砖砌封堵上下游管口，做好临时导水措施。

养护单位接到巡视检查结果处置通知后，将该路段采取1.5m低围挡封闭施工，方便行人通行，设置安全护栏将施工区域隔离，设置不同的安全警示标志、道路安全警告牌，夜间挂闪烁灯示警，并派养护工人维护现场行人交通。

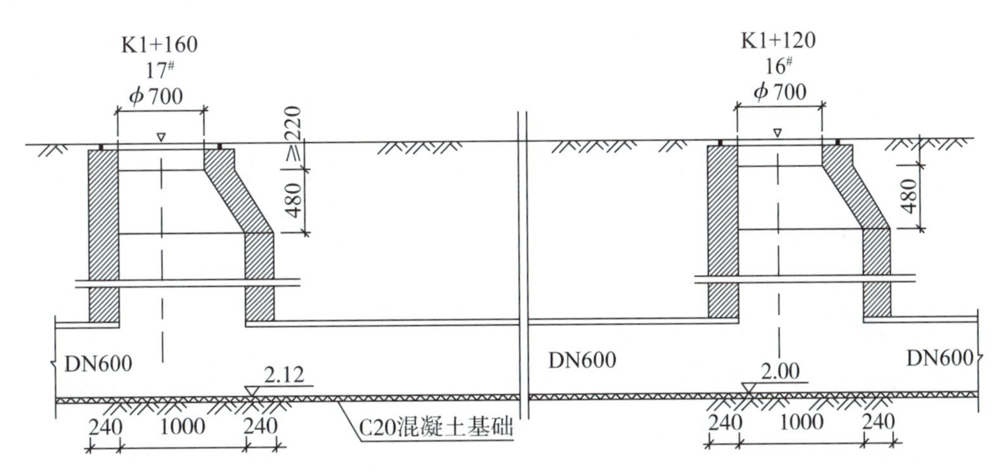

图5-1　更换钢筋混凝土平口管纵断面示意图（标高单位：m；尺寸单位：mm）

【问题】

1.地下管线管口漏水会对路面产生哪些危害？

2.两井之间实铺管长为多少？铺管应从哪号井开始？

3.用砖砌封堵管口是否正确？最早什么时候拆除封堵？

4.项目部在对施工现场安全管理采取的措施中，有几处描述不正确，请改正。

答题区

参考答案

1.导致路面变形、开裂、沉陷、坍塌。

2.实铺管长：1160-1120-1=39（m）。铺管从16#井开始。

3.用砖砌封堵管口正确，但需防水水泥砂浆抹面。

待更换后的管道接口处砂浆抹带强度达到设计强度要求，管道安装验收合格（闭水试验）后拆除封堵。

4.错误1：采取1.5m低围挡封闭施工。改正：市区围挡应不低于2.5m。

错误2：设置安全护栏将施工区域隔离。改正：施工区域应采用硬质围挡封闭，行人通行应按交通导行方案执行。

错误3：派养护工人维护现场行人交通。改正：应设置专职交通疏导员，配合交警部门做好交通疏导工作。

【案例2】

某公司承建一段新建城镇道路工程，其雨水管位于非机动车道，设计采用D800钢筋混凝土管，相邻井段间距40m，8#、9#雨水井段平面布置图如图5-2所示，8#、9#井类型一致，施工前，项目部对部分相关技术人员的职责、管道施工工艺流程、管道施工进度计划、分部分项工程验收等内容规定如下：

（1）由A（技术人员）具体负责：确定管线中线、检查井位置与沟槽开挖边线。

（2）由质检员具体负责：沟槽回填土压实度试验；管道与检查井施工完成后，进行管道B试验。（功能性试验）

（3）管道施工工艺流程如下：沟槽开挖与支护→C→下管、排管、接口→检查井砌筑→管道功能性试验→分层回填土与夯实。

（4）管道验收合格后转入道路路基分部工程施工，该分部工程包括填土、整平、压实等工序，其质量检验的主控项目有压实度和D。

（5）管道施工划分为三个施工段，时标网络计划如图5-3所示（2条虚工作需补充）。

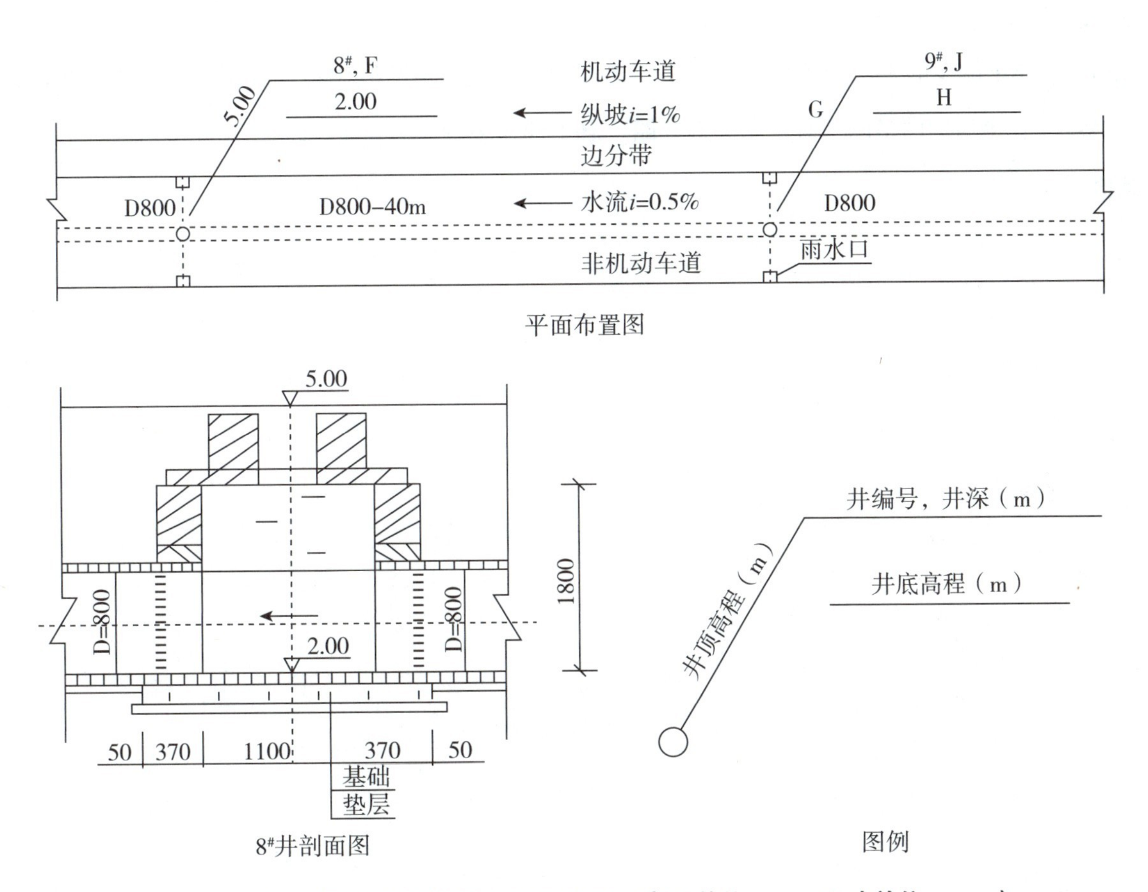

图5-2　8#～9#雨水井段平面布置示意图（高程单位：m；尺寸单位：mm）

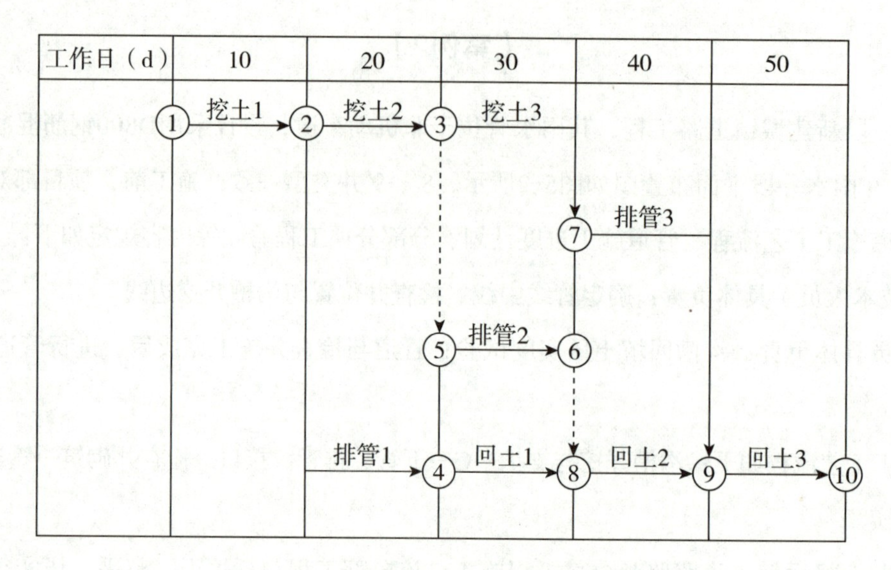

图5–3　雨水管道施工时标网络计划图

【问题】

1.根据背景资料，写出最合适题意的A、B、C、D的内容。

2.列式计算图5-2中F、G、H、J的数值。

3.补全图5-3中缺少的虚工作（用时标网络图提供的节点代号及箭线作答，或用文字叙述，在背景资料中作答无效）。补全后的网络图中有几条关键线路，总工期为多少？

答题区

参考答案

1.A：测量员；B：严密性试验；C：基础施工；D：弯沉值。

2.F3.00、G5.40、H2.20、J3.20。

【考向预测】本题考查的是给水管网高程的计算。在备考策略上，首先要会识图，通过坡率和水流方向

辨别上下游，然后再通过已知数据进行计算得到正确的参数。此类考法在桥梁、基坑高程计算和管道长度计算类题目中出现次数比较多。

3.④→⑤之间增加虚工作，⑥→⑦之间增加虚工作，6条关键线路，总工期50天。

【案例3】

A公司承接一城市天然气管道工程，其全长5.0km，设计压力0.4MPa，钢管直径DN300mm，均采用成品防腐管。设计采用直埋和定向钻穿越两种施工方法，其中，穿越现状道路路口段采用定向钻方式敷设，钢管在地面连接完成，经无损探伤等检验合格后回拖就位，施工工艺流程如图5-4所示，穿越段土质主要为填土、砂层和粉质黏土。

直埋段成品防腐钢管到场后，厂家提供了管道的质量证明文件，项目部质检员对防腐层厚度和粘结力做了复试，经检验合格后，开始下沟安装。

定向钻施工前，项目部技术人员进入现场踏勘，利用现状检查井核实地下管的位置和深度，对现状道路开裂、沉陷情况进行统计。项目部根据调查情况编制定向钻专项施工方案。

定向钻钻进施工中，直管钻进段遇到砂层，项目部根据现场情况采取控制钻进速度、泥浆流量和压力等措施，防止出现坍孔，钻进困难等问题。

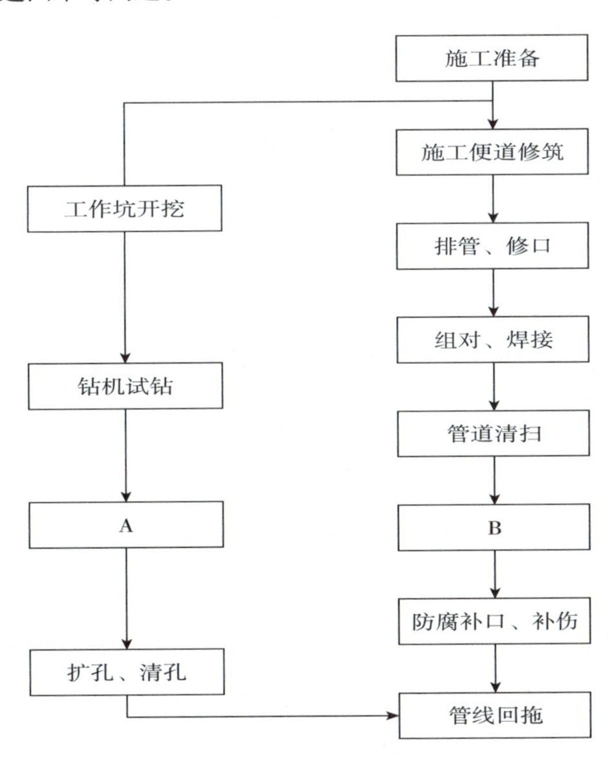

图5-4 施工工艺流程图

【问题】

1.写出图5-4中工序A、B的名称。

2.本工程燃气管道属于哪种压力等级？根据《城镇燃气输配工程施工及验收规范》（CJJ 33—2005）的

规定，指出定向钻穿越段钢管焊接应采用的无损探伤方法和抽检数量。

3.直埋段管道下沟前，质检员还应补充检测哪些项目？请说明检测方法。

4.为保证施工和周边环境安全，编制定向钻专项方案前还需做好哪些调查工作？

5.坍孔时周边环境可能造成哪些影响？项目部还应采取哪些坍孔技术措施？

答题区

参考答案

1.A：导向孔钻进；B：强度试验。

2.（1）管道设计压力0.4MPa，属于中压A级别。（2）定向钻穿越段钢管焊接应采用射线检查，抽检数量为100%。

3.（1）对外观质量、几何尺寸进行的检查验收。

（2）外观质量（材质、规格、型号、数量和标识）采用目测。

几何尺寸检查是对主要尺寸的检查，如直径、壁厚、结构尺寸等，采用直尺、卡尺测量。

4.勘探施工现场，掌握施工地层的类别和厚度、地下水分布和现场周边的建（构）筑物的位置、交通状况等。施工单位应根据设计人员的现场交底和工程设计图纸，对设计管线穿越段进行探测。

5.（1）地面沉陷，既有管线破坏，建筑物异常，冒浆。

（2）加强人员交底；合理控制钻进速度和压力；泥浆材料配合比严格把控，及时注入；按照设计轨迹进行钻进，不偏离；分析对周围环境的影响程度，编制应急预案。

【案例4】

A公司承接一项DN1000天然气管线工程，管线全长4.5km，设计压力4.0MPa，材质L485，除穿越一条宽度为50m的非通航河道，采用泥水平衡法顶管施工外，其余均采用开槽明挖施工，B公司负责该工程的监理工作。

工程开工前，A公司踏勘了施工现场，调查了地下设施、管线和周边环境，了解水文地质情况后，建议将顶管法施工改为水平定向钻施工，经建设单位同意后办理了变更手续，A公司编制了水平定向钻施工专项方案。建设单位组织了包含B公司总工程师在内的5名专家对专项方案进行了论证，项目部结合论证意见进行了修改，并办理了审批手续。

为顺利完成穿越施工，参建单位除研究设定钻进轨迹外，还采用专业浆液现场配制泥浆液，以便在定向钻穿越过程中起到如下作用：软化硬质土层、调整钻进方向、制泥浆液、为泥浆马达提供保护。

项目部按所编制的穿越施工专项方案组织施工，施工完成后在投入使用前进行了管道功能性试验。

【问题】

1.简述A公司将顶管法施工变更为水平定向钻施工的理由。

2.指出本工程专项方案论证的不合规之处并给出正确的做法。

3.试补充水平定向钻泥浆液在钻进中的作用。

4.列出水平定向钻有别于顶管施工的主要工序。

5.本工程管道功能性试验如何进行?

答题区

参考答案

1.根据工程施工内容、现场条件、地下设施、管线、周边环境以及水文地质情况，穿越50m宽非通航河流用定向钻施工可以胜任，且表现出较好的适用性。

定向钻施工可以在地面上或较浅的工作坑内操作，可以节省顶管施工过程中的工作井施工（包括开挖、支护降水等工作）和井下作业，大大降低了成本，缩短了工期，并避免了顶管工作井深基坑施工过程中的各种安全隐患，在技术经济性、工期保证性和安全性方面表现优越。

2.不合规之处一：建设单位组织专家进行专项方案论证。

正确做法：应由A公司（施工单位）组织专家论证。

不合规之处二：专家组成员中包含B公司总工程师。

正确做法：本项目参建各方的人员不得以专家身份参加专家论证会，因此，专项方案论证专家组成员不应包括建设、监理、施工、勘察、设计单位的专家。

3.泥膜护壁防坍塌和地表沉降，冷却钻头，润滑减阻，携运土渣。

4.定向钻工序：测量定位→钻导向孔→扩孔→回拖拉管。有别于顶管施工的主要工序为钻导向孔、扩孔和回拖拉管，顶管施工必须设置工作井，定向钻不设置。

5.管道安装完毕后应依次进行管道吹扫、强度试验和严密性试验。

（1）管道吹扫。管道及其附件组装完成并在试压前，应按设计要求进行气体吹扫或清管球清扫。气体吹扫长度钢管≤500m，聚乙烯管道≤1000m。吹扫结果用贴有纸或白漆的木靶板置于吹扫口检查，5min内靶上无铁锈脏物则认为合格。

（2）强度试验。回填至管上方0.5m以上，并留出焊接口。设计压力4.0MPa，为高压燃气管道，应采用水压试验，试验压力不得低于1.5倍设计压力，即≥6.0MPa。试验压力逐步缓升，压力升至30%和60%时，分别进行检查，如无泄漏、异常，继续升压至试验压力，然后宜稳压1h后，无压力降为合格。

水压试验合格后将水放净，进行吹扫。

（3）严密性试验。严密性试验在强度试验合格后进行。试验介质采用空气；设计压力4.0MPa，试验压力应为4.0MPa。管道试压，压力缓慢上升至30%和60%试验压力时，分别稳压30min，检查有无异常情况，如无异常情况继续升压。升至试验压力后，待温度、压力稳定后开始记录，持续稳压24h，每小时至少记录1次，修正压力降不超过133Pa为合格。所有未参加严密性试验的设备、仪表、管件，应在严密性试验合格后复位，按设计压力采用发泡剂检查其与管道的连接处，不漏为合格。

【案例5】

某管道铺设工程项目，长1km，工程内容包括燃气、给水、热力等项目。热力管道采用支架铺设。合同工期80天，断面布置如图5-5所示。建设单位采用公开招标方式发布招标公告，有3家单位报名参加投标。经审核，只有甲、乙2家单位符合合格投标人条件。建设单位为了加快工程建设，决定由甲施工单位中标。

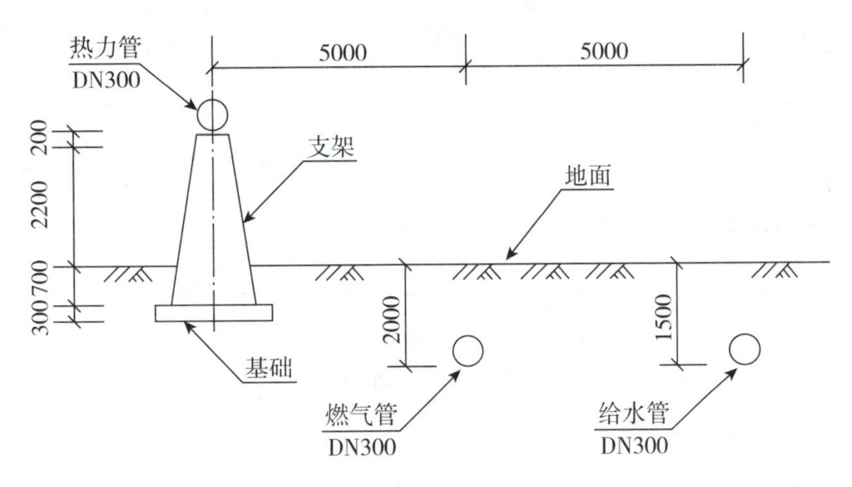

图5-5　管道工程断面示意图（单位：mm）

开工前，甲施工单位项目部编制了总体施工组织设计，内容包括：

（1）确定了各种管道的施工顺序为燃气管→给水管→热力管；

（2）确定了各种管道施工工序的工作顺序如表5-3所示，同时绘制了网络计划进度图如图5-6所示。

在热力管道排管施工过程中，由于下雨影响停工1天，为保证按时完工，项目部采取了加快施工进度的措施。

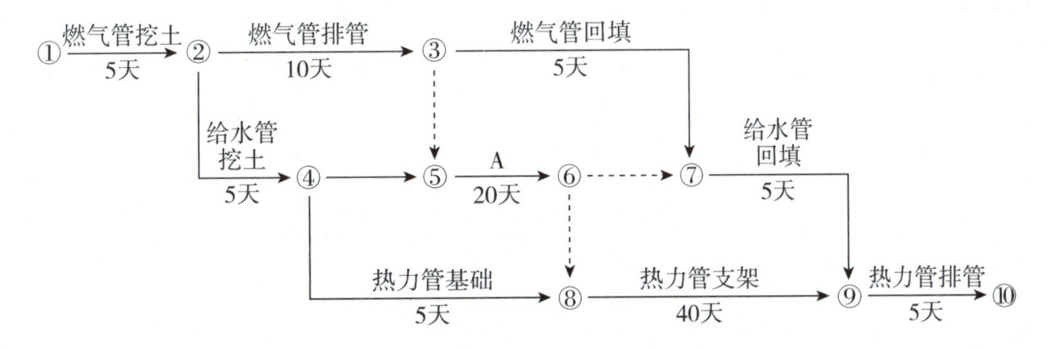

图5-6　网络计划进度图

表5-3 各种管道施工工序工作顺序表

紧前工作	工作	紧后工作
—	燃气管挖土	燃气管排管、给水管挖土
燃气管挖土	燃气管排管	燃气管回填、给水管排管
燃气管排管	燃气管回填	给水管回填
燃气管挖土	给水管挖土	给水管排管、热力管基础
B、C	给水管排管	D、E
燃气管回填、给水管排管	给水管回填	热力管排管
给水管挖土	热力管基础	热力管支架
热力管基础、给水管排管	热力管支架	热力管排管
给水管回填、热力管支架	热力管排管	—

【问题】

1.建设单位决定由甲施工单位中标是否正确？请说明理由。

2.给出项目部编制各种管道施工顺序的原则。

3.项目部加快施工进度应采取什么措施？

4.写出图5-6中代号A和表5-3中代号B、C、D、E代表的工作内容。

5.列式计算图5-6的工期，并判断工程施工是否满足合同工期要求，同时给出关键线路。（关键线路用图5-6中的代号“①～⑩”及“→”表示）

答题区

参考答案

1.不正确。符合条件的只有2家单位，相关法规规定，投标人少于3家，建设单位应重新组织招标。

2.先大管后小管，先主管后支管，先下部管后中上部管。

3.分段增加工作面，增加力量和资源投入，快速施工；增加作业时间为三班倒，组织24小时不间断施工。

4.A：给水管排管；B：燃气管排管；C：给水管挖土；D：给水管回填；E：热力管支架。

5.关键线路：①→②→③→⑤→⑥→⑧→⑨→⑩，工期80天，满足合同工期要求。

【案例6】

某施工单位承建一项城市污水主干管道工程，全长为1000m。设计管材采用Ⅱ级承插式钢筋混凝土管，管道内径为D1000mm，壁厚为100mm，沟槽平均开挖深度为3m。底部开挖宽度设计无要求，场地地层以硬塑粉质黏土为主，土质均匀，地下水位于槽底设计标高以下，施工期为旱季。

项目部编制的施工方案明确了下列事项：

（1）将管道的施工工序分解为：①沟槽放坡开挖；②砌筑检查井；③下（布）管；④管道安装；⑤管道基础与垫层；⑥沟槽回填；⑦闭水试验。

施工工艺流程：①→A→③→④→②→B→C。

（2）根据现场施工条件、管材类型及接口方式等因素确定了管道沟槽底部一侧的工作面宽度为500mm，沟槽边坡坡度为1：0.5。

（3）质量管理体系中，管道施工过程质量控制实行企业的“三检制”流程。

（4）根据沟槽平均开挖深度及沟槽开挖断面估算沟槽开挖土方量（不考虑检查井等构筑物对土方量估算值的影响）。

（5）由于施工场地受限及环境保护要求，沟槽开挖土方必须外运，土方外运量根据表5-4《土方体积换算系数表》估算。外运用土方车辆容量为10m^3/车·次，外运单价为100元/车·次。

表5-4　土方体积换算系数表

虚方	松填	天然密实	夯填
1.00	0.83	0.77	0.67
1.20	1.00	0.92	0.80
1.30	1.09	1.00	0.87
1.50	1.25	1.15	1.00

【问题】

1.写出施工方案（1）中管道施工工艺流程中A、B、C的名称。（用背景资料中提供的序号“①～⑦”或工序名称作答）。

2.写出确定管道沟槽边坡坡度的主要依据。

3.写出施工方案（3）中“三检制”的具体内容。

4.根据施工方案（4）、（5），列式计算管道沟槽开挖土方量（天然密实体积）及外运的直接成本。

5.写出本工程闭水试验管段的抽取原则。

答题区

参考答案

1.A——⑤；B——⑦；C——⑥。

2.地质条件和土的类别，坡顶荷载情况，地下水位，开挖深度。

3.班组自检、工序或工种间互检、专业检查专检。

4.沟槽开挖土方量=（沟槽顶宽×开挖深度-两边边坡面积）×沟槽长度

=[（1.5×2+1.2+1）×3-3×1.5]×1000=11100（m^3）。

外运成本=11100×1.30÷10×100=144300（元）。

5.本工程管径大于700mm，所以可按井段数量抽样选取1/3进行试验；试验不合格时，抽样井段数量应在原抽样基础上加倍进行试验。

专题六　综合管廊+垃圾处理+海绵城市

导图框架

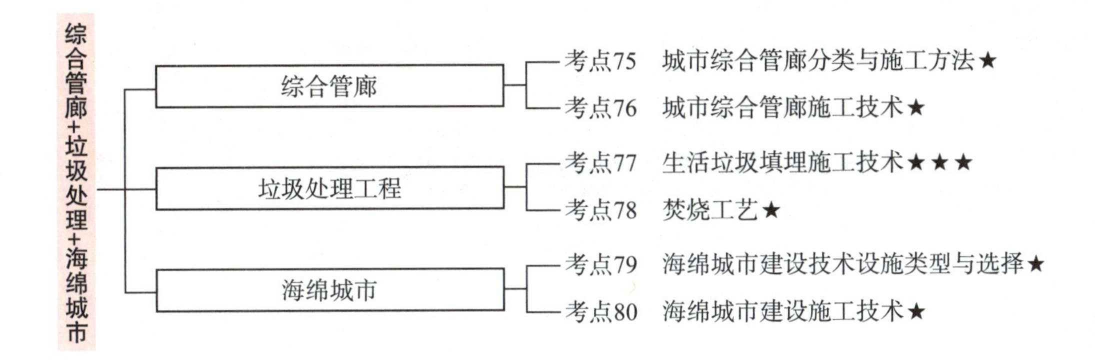

专题雷达图

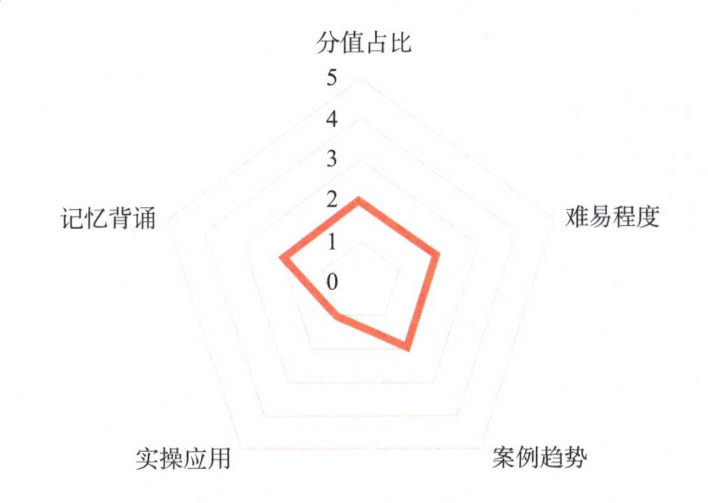

分值占比：★★

本专题属于教材改版后变化较大的部分，综合管廊和垃圾处理属于原教材已有内容，历年分值在2分左右，属于第四梯队。

难易程度：★★

本专题考核深度较浅，很多知识点具有科普性质，出题角度较窄，故对理解要求并不高。

案例趋势：★★

本专题的案例趋势在于垃圾填埋处理的防渗系统施工，在二建考试中出现过两次，一建考试中还未出现过。

综合管廊虽然出现过相关背景的案例题，但考点集中在明挖基坑。海绵城市相关考点多数具有科普性质，以考核选择题为主。

实操应用：★

本专题能考核的实操应用类考点主要集中在综合管廊，其技术原理是前面混凝土结构施工的要点，注意灵活应对。

记忆背诵：★★

本专题垃圾填埋处理工程主要围绕材料的质量要求以及接口处理环节展开考核，注意相关技术要点的背诵。

新增海绵城市内容，主要考核选择题，注意区分设施类型包含的种类。

考点练习

考点75　城市综合管廊分类与施工方法★

下列关于综合管廊断面布置的说法，正确的有（　　）。

A.热力管道与电力电缆同仓敷设

B.天然气管道应在独立舱室敷设

C.110kV及以上电力电缆与通信电缆同侧布置

D.给水管道与热力管道同侧布置，给水管道布置在下方

E.污水管道宜布置在综合管廊底部

【答案】BDE

【解析】A选项错误，热力管道不应与电力线缆同仓敷设。C选项错误，110kV及以上电力电缆不应与通信电缆同侧布置。

考点76　城市综合管廊施工技术★

1.连续浇筑综合管廊混凝土时，为保证混凝土振捣密实，在（　　）部位周边应辅助人工插捣。

A.预留孔

B.预埋件

C.止水带

D.沉降缝

E.预埋管

【答案】ABCE

【解析】混凝土的浇筑应在模板和支架检验合格后进行。预留孔、预埋管、预埋件及止水带等周边混凝土浇筑时，应辅助人工插捣。

【考向预测】本题考查的是综合管廊结构施工技术。本部分内容具有很高的通用性，需配合桥梁部分通用施工技术、地铁车站主体结构施工进行学习。备考过程中，需注意此知识点除了可以考选择题外，也是一个很好的案例简答题考核点。比如问题转换为“哪些部位需要加强振捣/人工振捣？”“哪些部位容易渗漏水？”等。

2.下列综合管廊施工注意事项错误的有（　　）。

A.预制构件安装前，应复验合格；当构件上有裂缝且宽度超过0.2mm时，应进行鉴定

B.综合管廊内可实行动火作业

C.混凝土底板和顶板留置施工缝时，应分仓浇筑

D.构件的标识应朝向外侧

E.管廊顶板上部1000mm范围内回填材料可以采用重型碾压机进行碾压

【答案】CE

【解析】C选项错误，混凝土底板和顶板，应连续浇筑不得留置施工缝。设计有变形缝时，应按变形缝分仓浇筑。E选项错误，管廊顶板上部1000mm范围内回填材料不得使用重型及振动压实机械碾压。

考点77　生活垃圾填埋施工技术★★★

1.生活垃圾填埋场填埋区防渗系统结构层，自上而下材料排序，正确的是（　　）。

A.土工布、GCL垫，HDPE膜

B.土工布、HDPE膜、GCL垫

C.HDPE膜、土工布、GCL垫

D.HDPE膜、GCL垫、土工布

【答案】B

【解析】见下图。

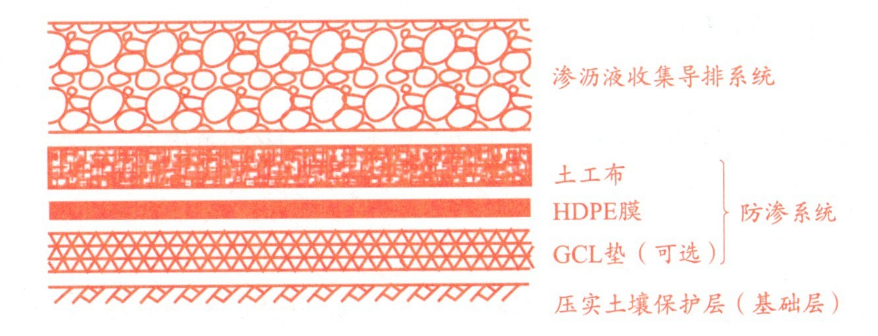

2.关于膨润土防水毯施工的说法，正确的有（　　）。

A.发现缺陷，修补范围宜大于破损范围300mm

B.必须在平整场地上铺设

C.现场铺设的连接应采用搭接

D.下雨时尽快铺设

E.铺设时，搭接宽度为250±50mm

【答案】ACE

【解析】B选项错误，膨润土防水毯应与基础层贴实且无褶皱和悬空。D选项错误，膨润土防水毯不应在雨雪天气下施工。

3.以下属于HDPE膜双缝热熔焊缝非破坏性检测方法的是（　　）。

A.真空检测　　B.气压检测　　C.水压检测　　D.电火花检测

【答案】B

【解析】HDPE膜焊缝非破坏性检测主要有双缝热熔焊缝气压检测法和单缝挤压焊缝的真空及电火花测试法。

【考向预测】本题考查的是HDPE膜焊缝检测技术，关键在于区分不同焊接方式对应的检测方法。备考过程中，需注意此知识点也可结合案例题考核，除了区分不同焊接方式对应的检测方法外，还需了解不同检测方法的具体操作方式。

4.渗沥液收集导排系统施工控制要点中，导排层所用卵石的（　　）含量必须小于5%。

A.碳酸钠（Na_2CO_3）　　B.氧化镁（MgO）

C.碳酸钙（$CaCO_3$）　　D.氧化硅（SiO_2）

【答案】C

【解析】导排层滤料需要过筛，粒径要满足设计要求。导排层应优先采用卵石作为排水材料，可采用碎石，石材粒径宜为20～60mm，石材$CaC0_3$含量必须小于5%，防止年久钙化使导排层板结造成填埋区侧漏。

考点78　焚烧工艺★

以下关于垃圾池施工的说法，正确的是（　　）。

A.垃圾储存仓单个长度不宜大于100m，当焚烧规模较大时宜采用单仓形式

B.各种穿壁管洞及模板对拉螺栓应采取防渗措施

C.垃圾储存仓地面以下回填土宜采用素土或级配砂石分层回填压实，压实系数不应小于0.90

D.垃圾储存仓底部和四周池壁混凝土结构以自防水为主，使用防水混凝土，应连续12h浇筑，不应有施工冷缝

【答案】B

【解析】A选项错误，垃圾储存仓单个长度不宜大于100m，当焚烧规模较大时宜采用双仓形式。C选项错误，垃圾储存仓地面以下回填土宜采用素土或级配砂石分层回填压实，压实系数不应小于0.96。D选项错误，垃圾储存仓底部和四周池壁混凝土结构以自防水为主，使用防水混凝土，应连续24h浇筑，不应有施工冷缝。

考点79 海绵城市建设技术设施类型与选择★

目前海绵城市建设技术设施类型主要有（ ）。

A.分流设施、存储与调节设施、转输设施、截污净化设施

B.渗透设施、存储与调节设施、转输设施、截污净化设施

C.渗透设施、存储与分流设施、转输设施、截污净化设施

D.渗透设施、存储与调节设施、分流设施、截污净化设施

【答案】B

【解析】目前海绵城市建设技术设施类型主要有渗透设施、存储与调节设施、转输设施、截污净化设施。

考点80 海绵城市建设施工技术★

1.关于海绵城市透水铺装的说法，正确的有（ ）。

A.嵌草砖、园林铺装中的鹅卵石、碎石铺装等属于透水铺装

B.透水路面自上而下宜设置透水面层、透水找平层和透水基层，透水找平层及透水基层渗透系数应大于面层

C.透水砖路面一般应用于城市人行道、建筑小区及城市广场人行通道

D.采用透水铺装时，铺装面层孔隙率不小于30%，透水基层孔隙率不小于20%；透水铺装路面横坡宜采用1.0% ~1.5%

E.透水铺装位于地下室顶板上时，顶板覆土厚度不应大于600mm，为避免对地下构筑物造成渗水危害，应设置排水层

【答案】ABC

【解析】D选项错误，采用透水铺装时，铺装面层孔隙率不小于20%，透水基层孔隙率不小于30%；透水铺装路面横坡宜采用1.0% ~1.5%。E选项错误，透水铺装位于地下室顶板上时，顶板覆土厚度不应小于600mm，为避免对地下构筑物造成渗水危害，应设置排水层。

2.以下关于渗透设施的说法，错误的是（ ）。

A.渗透塘前应设置沉砂池、前置塘等预处理设施

B.渗透塘底部构造一般为200~300mm的种植土、透水土工布及300~500mm的过滤介质层

C.渗透塘排空时间不应大于20h，放空管距池底不应小于100mm

D.渗透塘应设溢流设施，并与城市雨水管渠系统衔接，渗透塘外围应设安全防护措施和警示牌

【答案】C

【解析】C选项错误，渗透塘排空时间不应大于24h，放空管距池底不应小于100mm。

专题练习

【案例1】

某市新建生活垃圾填埋场，工程规模为日消纳量200t，向社会公开招标，采用资格后审并设最高限价，接受联合体投标。A公司缺少防渗系统施工业绩，为加大中标机会，与有业绩的B公司组成联合体投标；C公司和D公司组成联合体投标，同时C公司又单独参加该项目的投标；参加投标的还有E、F、G等其他公司，其中E公司投标报价高于限价，F公司报价最低。

A公司中标后准备单独与业主签订合同，并将防渗系统的施工分包给报价更优的C公司，被业主拒绝并要求A公司立即改正。

项目部进场后，确定了本工程的施工质量控制要点，重点加强施工过程质量控制，确保施工质量；项目部编制了渗沥液收集导排系统和防渗系统的专项施工方案。

【问题】

1.上述投标中无效投标有哪些？为什么？

2.A公司应如何改正才符合业主要求？

3.施工过程质量控制包含哪些内容？

4.补充渗沥收集导排系统的施工内容。

答题区

参考答案

1.C、D公司联合体投标文件和C公司单独投标的投标文件无效。根据招标投标法相关规定，同一个公司不得以相同名义参与同一个建设工程招标项目，联合体成员又单独投标的，相关投标均无效。

E公司投标报价高于最高限价，其投标应被拒绝，投标文件无效。

2.A公司与B公司组成联合体投标，中标后联合体各方应当共同与招标人签订合同，不能以联合体中某一投标人的名义与招标人签订合同，联合体各方对中标的项目承担连带责任。联合体中的某一方违反合同，发包方都有权要求其中的任何一方承担全部责任。

防渗系统属于主体工程，必须由中标单位完成，不得进行分包。

3.（1）施工过程质量控制包括分项工程（工序）控制、特殊过程控制和不合格产品控制。

（2）在每个分项工程施工前应进行书面技术交底；特殊过程设置工序质量控制点进行控制，特殊过程或缺少经验的工序应编制作业指导书，经项目或企业技术负责人审批后执行。

（3）严格使用不合格物质材料，不合格工序或分项工程未经处置严禁转序。

4.施工内容主要包括导排层粒料的运送和布料、导排层摊铺、收集花管连接、收集渠码砌等施工过程。

【案例2】

A公司中标承建小型垃圾填埋场工程。填埋场防漏系统采用HDPE膜，膜下保护层为厚1000mm黏土层，上保护层为土工织物。

项目部按规定设置了围挡，并在门口设置了工程概况牌、管理人员名单、监督电话牌和扰民告示牌。为满足进度要求，现场安排3支劳务作业队伍；压缩施工流程并减少工序间隔时间。

施工过程中，A公司例行检查发现：部分场底基础层验收记录缺少建设单位签字；黏土保护层压实度报告有不合格项，且无整改报告。A公司责令项目部停工整改。

【问题】

1.项目部门口还应设置哪些标牌？

2.简述填埋场施工前场底基础层验收的有关规定，并给出验收记录签字缺失的纠正措施。

3.指出黏土保护层压实度质量验收必须合格的原因。对不合格项应如何处理？

答题区

参考答案

1.五牌：工程概况牌、管理人员名单及监督电话牌、消防保卫牌、安全生产牌、文明施工牌；一图：施工现场总平面图。

2.场地基础要分层施工，分层同步检验，上层施工检验合格才能施工下层。场地基础检验应由总监理工程师组织，施工单位、监理单位、设计单位、建设单位共同参加检验。参加检验的各方应在验收记录上签字。

【考向预测】本题考查的是施工质量控制相关强制性规定，其中“五方验槽”的单位为重点内容。备考过程中，需注意此知识点具有很高的通用性，如基坑开挖、沟槽开挖，本知识点均可通用。

3.黏土保护层为垃圾填埋场防渗系统下面的基础层，应满足设计和规范规定的压实度和防渗水要求，如压实度不合格，可能会发生不均匀沉陷，导致HDPE膜等防渗系统破裂，从而造成渗沥液污染土质和地下水。

对压实度不合格层，应分析原因，采取处理措施或返工，确保压实度及防渗等指标达到设计和规范要求。

【考向预测】本题为垃圾填埋场施工的灵活运用考核，为原理分析类实操题。备考过程中，需注意不同专业都会考核的此种类型题目。学习过程中，可结合施工常识反向提问，围绕“质量、安全、受力”等方面进行分析。

专题七 基础设施更新+测量+监测

导图框架

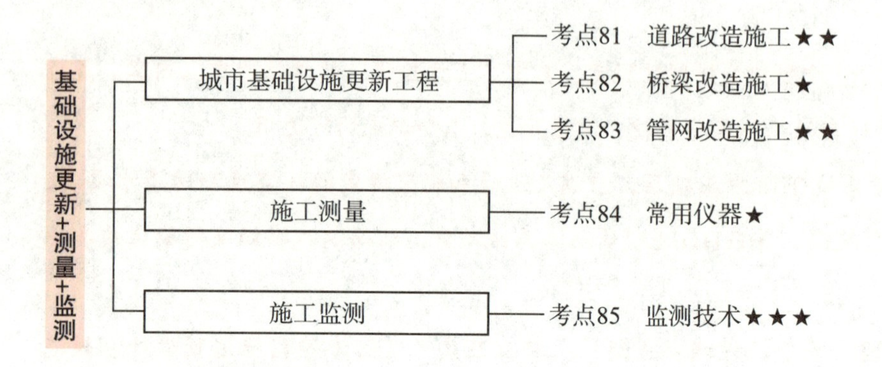

专题雷达图

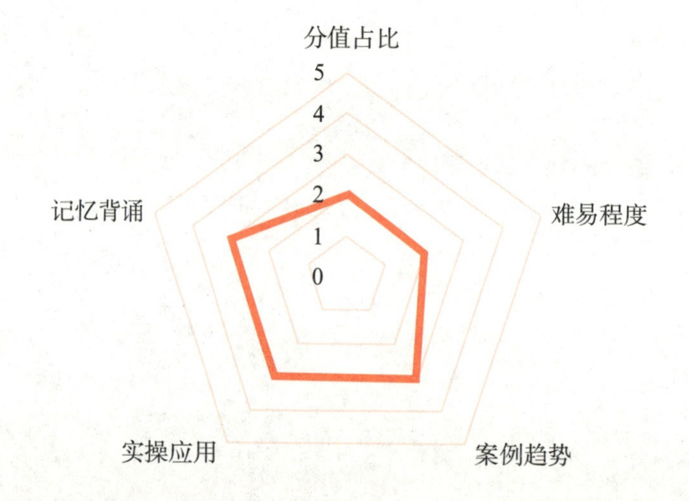

分值占比：★★

本专题在每年考试中的分值约为7分左右，属于第四梯队。

难易程度：★★

本专题中的基础设施更新工程，是从原教材各自专业技术中独立出来的，其中道路和管网改造施工相关内容考试频率更高，但出题点较为集中，综合难度不高。施工监测的内容远比施工测量内容重要，其难点在于记忆相关的监测项目。

案例趋势：★★★

本专题可能出现案例的部分集中在道路或管网改造施工环节，这两部分在现实施工应用也比桥梁改造更广泛。另外，历年案例考试中，基坑和隧道的监测项目是高频考点。

实操应用：★★★

本专题能出现的实操应用类题目主要集中在施工监测上，此内容可以结合所有涉及地下工程的监测项目进行考核，故要求懂得灵活变通。而道路改造施工中的加铺沥青面层，可以结合土工合成材料的应用，出裂缝防治相关的案例题。

记忆背诵：★★★

本专题记忆背诵的点主要体现在监测项目上，可以用场景还原法来置身施工现场当中，记忆不同部位涉及的监测内容。

考点练习

考点81　道路改造施工★★

1.以下不属于沥青路面病害的是（　　）。

A.壅包　　B.车辙　　C.剥落　　D.面板脱空、唧浆处理

【答案】D

【解析】A、B、C选项正确，沥青路面常见病害：裂缝；壅包；车辙；沉陷、翻浆；剥落；坑槽。D选项错误，水泥混凝土路面常见病害：路面裂缝；板边和板角修补；接缝维修；坑洞的修补；面板拱胀及错台；面板脱空、唧浆处理。

2.城镇水泥混凝土道路加铺沥青混凝土面层时，应调整（　　）高程。

A.雨水管　　B.检查井　　C.路灯杆　　D.防撞墩

【答案】B

【解析】原有水泥混凝土路面作为道路基层加铺沥青混凝土面层时，应注意原有雨水管以及检查井的位置和高程，为配合沥青混凝土加铺，应将检查井高程进行调整。

【考向预测】本题考查的是加铺沥青面层技术要点。备考过程中，需注意此知识点也可结合案例题考核，比如问题转换为“哪些部位的高程需要进行调整？”等，除了本题的检查井外，路缘石、雨水井的高程也需要调整。

3.微表处理技术应用于城镇道路维护，可单层或双层铺筑，具有（　　）的功能。

A.封水　　B.防滑

C.耐磨　　D.改善路表外观

E.抗弯折

【答案】ABCD

【解析】微表处理技术应用于城镇道路维护，可单层或双层铺筑，具有封水、防滑、耐磨和改善路表外观的功能，MS-3型微表处混合料还具有填补车辙的功能。

考点82　桥梁改造施工★

1.桥梁扩建加宽，新旧桥梁采用上部结构连接而下部结构分离方式时，下列说法错误的是（　　）。

A.钢筋混凝土实心板桥，新旧梁板之间拼接宜采用刚性连接

B.预应力混凝土空心板桥，新旧梁板之间拼接宜采用铰接连接

C.预应力混凝土T梁，新旧T梁之间拼接宜采用刚性连接

D.连续箱桥梁，新旧箱梁之间拼接宜采用铰接连接

【答案】A

【解析】A选项错误，钢筋混凝土实心板和预应力混凝土空心板桥，宜采用铰接或近似于铰接连接。

2.按上部结构与下部结构的连接处理方式，以下不属于桥梁改建方案的是（　　）。

A.新、旧桥梁的上部结构与下部结构互不连接

B.新、旧桥梁的上部结构和下部结构相互连接

C.新、旧桥梁的上部结构连接而下部结构分离

D.新、旧桥梁的上部结构分离而下部结构连接

【答案】D

【解析】D选项错误，按上部结构与下部结构的连接处理方式，主要有三种方案：（1）新、旧桥梁的上部结构与下部结构互不连接；（2）新、旧桥梁的上部结构和下部结构相互连接；（3）新、旧桥梁的上部结构连接而下部结构分离。

【考向预测】本题考查的是桥梁改造施工技术，其中改建方案、上部结构连接方式选择为难点，也是重点内容。备考过程中，需注意此知识点虽然为冷门内容，但改建方案的选择可在案例题中出现。考核方案选择类题目，注意对比各自的优缺点匹配适用场景。

考点83　管网改造施工★★

1.下列管道修复方法中，属于局部结构修补措施的是（　　）。

A.插管法　　B.缠绕法　　C.灌浆法　　D.喷涂法

【答案】C

【解析】局部修补主要用于管道内部的结构性破坏以及裂纹等的修复。目前，进行局部修补的方法很多，主要有密封法、补丁法、铰接管法、局部软衬法、灌浆法、机器人法等。A、B、D选项错误，插管法（也称为内衬法）、缠绕法、喷涂法属于全断面修复方法。

2.管道全断面方法中，(　　)施工简单，占地小，管道过流能力损失小，一次修复长度可达数千米，适用于各种重力流及压力管道的修复。

A.缩径内衬法　　B.不锈钢内衬法　　C.管片内衬法　　D.折叠内衬法

【答案】D

【解析】D选项正确，折叠内衬法施工简单，占地小，管道过流能力损失小，一次修复长度可达数千米，适用于各种重力流及压力管道的修复。A选项错误，缩径内衬法不需要灌浆，施工速度快，过流断面损失小，适用于重力流及压力管道的修复。B选项错误，不锈钢内衬法卫生、无污染、可有效解决管道渗漏问题，不适用严重破损管道的修复。C选项错误，管片内衬法适用于大口径圆形、矩形、马蹄形钢筋混凝土管道的修复，不适用压力管道。

【考向预测】本题考查的是管道更新修复技术，其中管道更新，管道全断面修复为重点内容。备考过程中，需注意此知识点可结合案例考核方法选择类题目，注意结合不同方法的优缺点匹配适用场景。

考点84　常用仪器★

1.采用水准仪测量工作井高程时，测定高程为3.460m，后视读数为1.360m，已知前视测点高程为3.580m，前视读数应为(　　)m。

A.0.960　　B.1.120　　C.1.240　　D.2.000

【答案】C

【解析】前视读数$b=H_A+a-H_B=1.360+3.460-3.580=1.240$(m)。

2.常用施工测量仪器中，(　　)适用于长距离、大直径隧道或桥梁墩柱、水塔、灯柱等高耸构筑物控制测量的点位坐标传递及同心度找正测量。

A.全站仪　　B.激光准直(指向)仪

C.陀螺经纬仪　　D.GPS

【答案】B

【解析】B选项正确，激光准直(指向)仪主要由发射、接收与附件三大部分组成，现场施工测量用于角度测量和定向准直测量，适用于长距离、大直径隧道或桥梁墩柱、水塔、灯柱等高耸构筑物控制测量的点位坐标传递及同心度找正测量

【考向预测】本题考查的是常用测量仪器。备考过程中，注意区分不同仪器的使用功能，案例可结合实际施工考核仪器选择类题目。

考点85　监测技术★★★

1.下列一级基坑监测项目中，属于应测项目的有(　　)。

A.坡顶水平位移　　B.立柱竖向位移

C.土压力　　D.地下水位

E.坑底隆起

【答案】ABD

【解析】一级基坑应测项目：支护桩（墙）、边坡顶部水平（竖向）位移；支护桩（墙）体水平位移；立柱结构竖向（水平）位移；支撑轴力、锚杆拉力；地表沉降；竖井井壁支护结构净空收敛；地下水位。

【考向预测】本题考查的是基坑监测技术，备考过程中，需注意此知识点也可结合案例简答题考核，可结合“位移、力、水”进行记忆。

2.关于明挖法和盖挖法基坑支护结构及周围岩土体监测项目的说法，正确的是（　　）。

A.支撑轴力为应测项目　　B.坑底隆起（回弹）为应测项目

C.锚杆拉力为选测项目　　D.地下水位为选测项目

【答案】A

【解析】B选项错误，坑底隆起（回弹）为选测项目；C选项错误，锚杆拉力为应测项目；D选项错误，地下水位为应测项目。

专题练习

【案例1】

某项目部在10月中旬中标南方某城市道路改造二期工程，合同工期3个月，合同工程量为：道路改造部分长300m，宽45m，既有水泥混凝土路面加铺沥青混凝土面层与一期路面顺接；新建污水系统DN500埋深4.8m，旧路部分开槽埋管施工，穿越一期平交道口部分采用不开槽施工，该段长90m，接入一期预留的污水接收井，如图7-1所示。

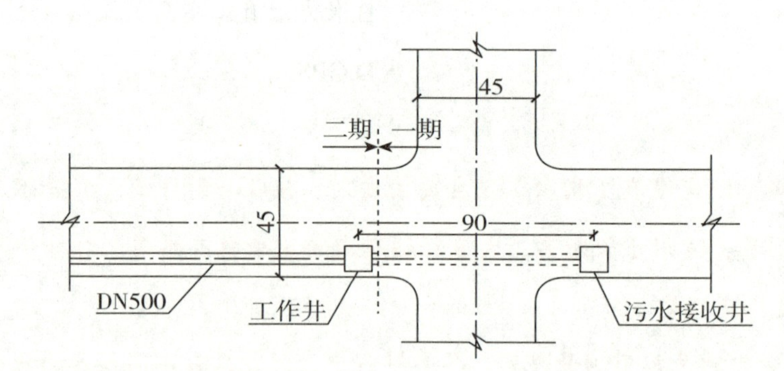

图7-1　二期污水管穿越一期平交道口示意图（单位：m）

项目部根据现场情况编制了相应的施工方案。

（1）道路改造部分。对既有水泥混凝土路面进行充分调查后，做出以下结论：

①对有破损、脱空的既有水泥混凝土路面，全部挖除，重新浇筑。

②新建污水管线采用开挖埋管。

（2）不开槽污水管道施工部分。设一座工作井，工作井采用明挖法施工，将一期预留的接收井打开做好接收准备工作。

该方案报监理工程师审批没能通过被退回，要求进行修改后上报。项目部认真研究后发现以下问题：

（1）既有水泥混凝土路面的破损、脱空部位不应全部挖除，应先进行维修。

（2）施工方案中缺少既有水泥混凝土路面作为道路基层加铺沥青混凝土的具体做法。

（3）施工方案中缺少工作井位置选址及专项方案。

【问题】

1.对已确定的破损、脱空部位进行基底处理的方法有几种？分别是什么方法？

2.对旧水泥混凝土路面进行调查时，采用何种手段查明路基的相关情况？

3.既有水泥混凝土路面作为道路基层加铺沥青混凝土前，哪些构筑物的高程需作调整？

4.工作井位置应按什么要求选定？

答题区

参考答案

1.两种。

开挖式基底处理，即换填基底材料。

非开挖式基底处理，即注浆填充脱空部位的空洞。

2.地质雷达、弯沉试验、钻孔取芯检测。

【考向预测】本题考查的是道路改造施工技术，其中旧路加铺沥青面层为难点，也是重点。备考过程中，需注意本题涉及的“地质雷达”为空洞检测通用仪器，除了板底脱空检测外，初期支护、二次衬砌背后注浆也会用到。

3.检查井、污水井、雨水口、路缘石。

4.不影响地面社会交通，对附近居民的噪声和振动影响较少，且能满足施工生产组织的需要。

【案例2】

某公司承建了城市主干路改扩建项目，其全长5km，宽60m，现状道路机动车道为22cm水泥混凝土路面+ 36cm水泥稳定碎石基层+15cm级配碎石垫层，在土基及基层承载状况良好路段，保留现有路面结构直接在上面加铺6cmAC-20C+4cmSMA-13，拓宽部分结构层与既有道路结构层保持一致。

拓宽段施工过程中，项目部重点对新旧搭接处进行了处理，以减少新旧路面差异沉降。浇筑混凝土前，对新旧路面接缝处凿毛、清洁、涂刷界面剂，并做了控制不均匀沉降变形的构造措施，如图7-2所示。

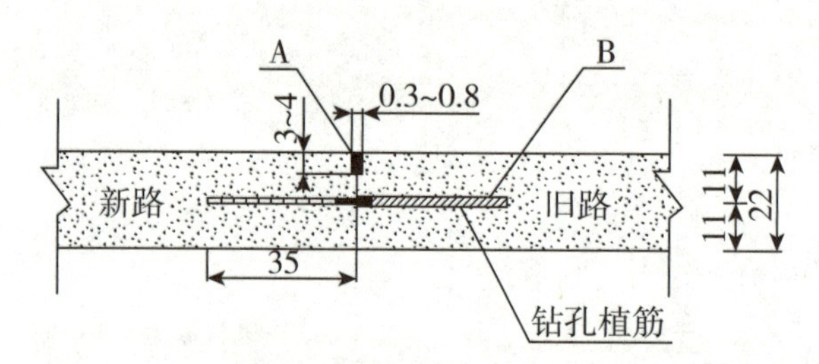

图7-2　新旧路面接缝构造示意图（单位：cm）

根据旧水泥混凝土路面评定结果，项目部对现状道路面层及基础病害进行了修复处理。

沥青摊铺前，项目部对全线路缘石、检查井、雨水口标高进行了调整，完成路面清洁及整平工作，随后对新旧缝及原水泥混凝土路面做了裂缝控制处治措施，随即封闭交通开展全线沥青摊铺施工。

沥青摊铺施工正值雨季，将全线分为两段施工，并对沥青混合料运输车增加防雨措施，保证雨期沥青摊铺的施工质量。

【问题】

1.指出图7-2中A、B的名称。

2.根据水泥混凝土路面板不同的弯沉值范围，分别给出0.2mm ~ 1.0mm及1.0mm以上的维修方案。基础脱空处理后，相邻板间弯沉差宜控制在多少以内？

3.补充沥青下面层摊铺前应完成的裂缝控制处治措施的具体工作内容。

4.补充雨期沥青摊铺施工质量控制措施。

答题区

参考答案

1.A：填缝料；B：拉杆。

【考向预测】本题为水泥混凝土路面接缝设置的灵活运用考核。本题的关键在于纵缝、横缝结构识别以及各自匹配杆件的识别。备考过程中，除了纵缝和横缝的结构识别外，还应注意相关的胀缝和横缝的结构识别、所处位置以及对应的杆件名称。

2.板边实测弯沉值在0.20～1.00mm：应钻孔注浆处理。

板边实测弯沉值1.00mm以上：应整板破碎、处理基层、新铺筑混凝土面板，再根据检测结果确定是否需要进行补灌。

（处理基层：强度不应低于原结构强度，基层补强层顶面标高应与原基层顶面标高相同，混凝土路面板接缝处的基层上，宜涂刷一道宽200mm的沥青）

基础脱空处理后，相邻板间弯沉差宜控制在0.06mm以内。

3.①凿除裂缝和破碎边缘。②清理干净填充沥青密封膏。③洒布沥青粘层油。④铺设土工织物。⑤摊铺新沥青混合料。

【考向预测】本题考查的是旧路加铺沥青混合料面层工艺，远些年份较少考核，但近些年考频逐渐提高，需引起重视。在备考过程中，应注意裂缝产生的缘由，基层为无机结合料基层或水泥混凝土结构的，在其上面铺筑沥青面层时，都要进行“粘层油+土工合成材料”的裂缝防治措施，注意不同场景的灵活应用。

4.（1）沥青面层不允许下雨时或下层潮湿时施工。

（2）雨期应缩短施工长度。

（3）加强施工现场与沥青拌合站及气象部门联系，做到及时摊铺、及时碾压。

【案例3】

某公司承建长1.2km的城镇道路大修工程。现状路面面层为沥青混凝土路面。施工内容：对沥青混凝土路面沉陷、碎裂部位进行处理；局部加铺网孔尺寸10mm的玻纤网以减少旧路面对新沥青面层的反射裂缝，对旧沥青混凝土路面铣刨拉毛后加铺厚40mmAC-13沥青混凝土面层，道路平面如图7-3所示，机动车道下方有一DN800污水干线，垂直于该干线有一DN500混凝土污水管支线接入，由于污水支线不能满足排放量要求，拟在原位更新为DN600，更换长度50m，如图7-3中2# ～2′#井段。

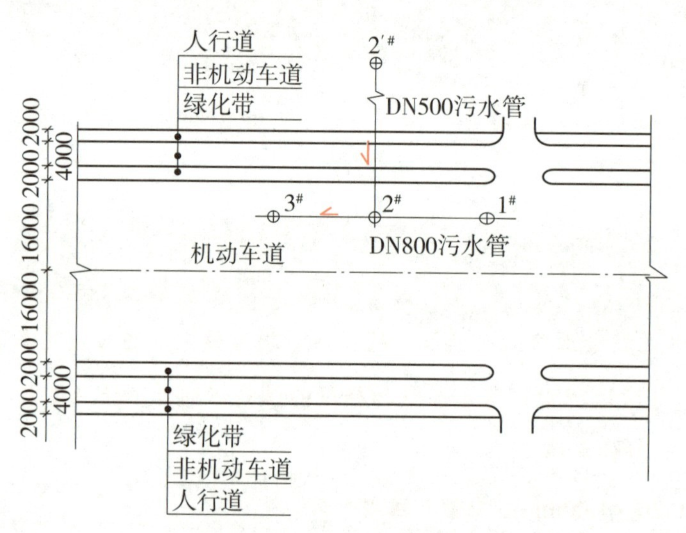

图7-3　道路平面示意图

项目部在处理破碎路面时发现补挖深度介于50～150mm之间，拟用沥青混凝土一次补平。在采购玻纤网时被告知网孔尺寸10mm的玻纤网缺货，拟变更为网孔尺寸20mm的玻纤网。

交通部门批准的交通导行方案要求：施工时间为夜间22：30至次日5：30，不断路施工。为加快施工速度，保证每日5：30前恢复交通，项目部拟提前一天采用机械洒布乳化沥青（用量0.8L/m^2），为第二天沥青面层摊铺创造条件。

项目部调查发现：2#～2′#井段管道埋深约3.5m，该深度土质为砂卵石，下穿既有电信、电力管道（埋深均小于1m），2′#井处具备工作井施工条件，污水干线夜间水量小且稳定支管接入时不需导水，2#～2′#井段施工期间上游来水可导入其他污水管。结合现场条件和使用需求，项目部拟从开槽法、穿插法、破管外挤法及定向钻法四种方法中选择一种进行施工。

在对2′#井内进行扩孔接管作业之前，项目部编制了有限空间作业专项方案和事故应急预案并经过审批；

在作业人员下井前打开上、下游检查井通风，对井内气体进行检测后未发现有毒气体超标；在打开的检查井周边摆放了反光锥桶。完成上述准备工作后，检测人员带着气体检测设备离开了现场，此后2名作业人员穿戴防护设备下井施工，由于施工时扰动了井底沉积物，有毒气体逸出，造成作业人员中毒，虽救助及时未造成人员伤亡，但暴露了项目部安全管理的漏洞，监理因此开出停工整顿通知。

【问题】

1.指出项目部破损路面处理的错误之处并改正。

2.指出项目部玻纤网更换的错误之处并改正。

3.改正项目部为加快施工速度所采取的措施的错误之处。

4.四种管道施工方法中哪种方法最适合本工程？分别简述其他三种方法不妥的主要原因。

5.针对管道施工时发生的事故，补充项目部在安全管理方面应采取的措施。

答题区

参考答案

1.错误之处：项目部在处理破碎路面时发现补挖深度介于50～150mm之间，拟用沥青混凝土一次补平。

正确做法：应分层碾压密实，层厚不得超过100mm。

2.错误之处：在采购玻纤网时被告知网孔尺寸10mm的玻纤网缺货，拟变更为网孔尺寸20mm的玻纤网。

正确做法：用于裂缝防治的玻纤网应满足网孔尺寸等技术要求，网孔尺寸宜为其上铺筑沥青面层材料最大粒径的0.5～1.0倍。应采用不超过13mm网孔尺寸的玻纤网。故不得变更。

3.提前一天洒布乳化沥青（用量0.8L/m^2），第二天摊铺沥青面层不正确。

正确做法：粘层油应在摊铺面层当天洒布，用量宜试洒确定。

4.最适合方法：破管外挤。

开槽法不适合原因：要求不断路施工，开槽法会中断交通，且易挖断相关管线。

定向钻法不适合原因：2#～2′#井段管道周围土质为砂卵石，定向钻法不适用，且定向钻法适用于柔性管道，而背景中管道为混凝土管道，不适合。

穿插法不适合原因：本工程是由500mm变更为600mm；穿插法适用于比原直径小或等径情况。

【考向预测】本题为开槽法+不开槽管道施工方法+管网改造施工技术的综合运用考核。本题的关键点在于区分开槽法、穿插法、破管外挤法、定向钻法各自的适用场景。备考过程中，需重点注意各种管道施工方法的适用地质、管径，以及各自在成本、工期、安全等方面的优劣性。

5.人：作业前进行安全技术交底；工人应经过安全教育培训，持证上岗；作业人员必要时可穿戴防护面具、防水衣、防护靴、防护手套、安全帽、系有绳子的防护腰带，配备无线通信工具和安全灯。

机、料：有限空间作业应按规定配备气体检测、通风、照明、呼吸防护、应急救援等设备。

法：严禁使用纯氧对有限空间作业进行换气；有限空间作业应有专人监护；进入有限空间作业和离开前应清点人数；无关人员不得进入有限空间，醒目位置设警示标志。

环：井内作业时，应全程监测井内有毒有害气体状况。

【考向预测】本题考查的是常见安全事故预防措施。备考过程中，需注意凡是安全事故、质量事故等原因分析类题目，均可结合“人、机、料、法、环”进行分析。

专题八 法规管理部分

导图框架

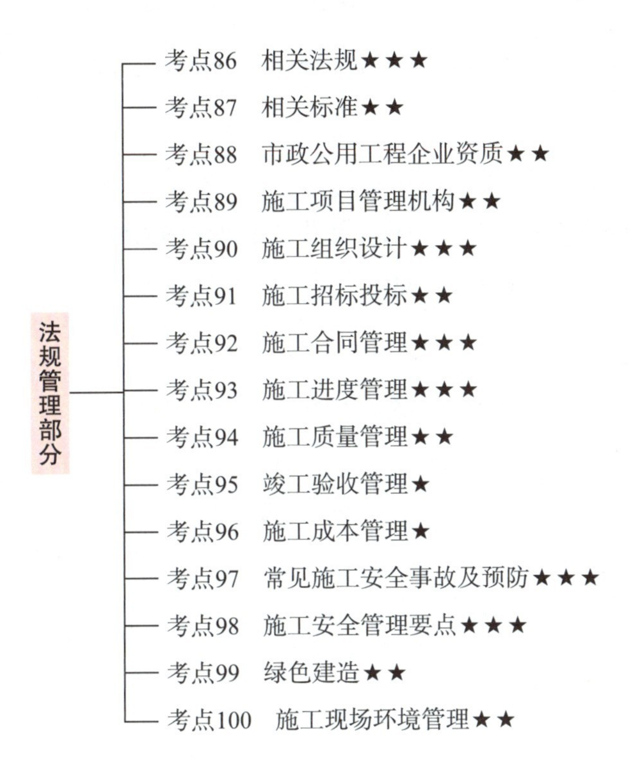

专题雷达图

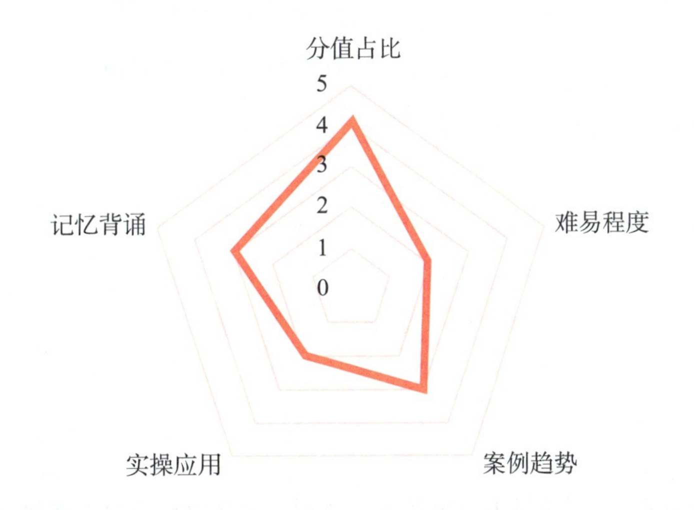

分值占比：★★★★

本专题在每年考试当中的分值大约为25分，占比约16%，和技术部分第二梯队层级并列。

难易程度：★★

市政的难点主要集中在技术部分，法规和管理部分考核深度比其他实务较浅，难点主要是结合技术部分出现的进度管理和安全管理相关题目。

案例趋势：★★★

本专题施工组织设计相关内容基本达到了每年必考案例题的程度，进度管理和安全管理同样属于高频考点。

实操应用：★★

本专题施工组织设计中，专家论证的范围可以结合支架搭设高度、施工总荷载等出现相关的计算题。进度管理可以结合技术工序的合理性，出现网络图或横道图的改错题。

记忆背诵：★★★

安全管理是教材改版后变动较大的部分，难点在于需要记忆的内容繁多，需要结合之前对专业技术的理解融合记忆。

考点练习

考点86 相关法规★★★

1.因特殊情况需要临时占用城市道路的，须经（　　）和（　　）批准，方可按照规定占用。

A.市政工程行政主管部门　　B.公安交通管理部门

C.桥梁部门　　D.城镇排水主管部门

E.水利部门

【答案】AB

【解析】因特殊情况需要临时占用城市道路的，须经市政工程行政主管部门和公安交通管理部门批准，方可按照规定占用。

【考向预测】本题考查的是相关城市道路管理的规定，其中审批部门为重点内容。备考过程中，需注意此内容也可结合案例题考核，问题可转换为“占用/挖掘道路需要履行什么手续？需要经过哪些部门批准？”等。

2.建筑工程实行总承包的，工程质量由总承包单位负责。总承包将建筑工程分包给其他单位的，应当对分包工程的质量（ ）责任。

A.仅承担经济 B.仅承担管理 C.与分包单位承担连带 D.承担全部

【答案】C

【解析】建筑工程实行总承包的，工程质量由工程总承包单位负责，总承包单位将建筑工程分包给其他单位的，应当对分包工程的质量与分包单位承担连带责任。

3.城市供水、排水、通信、消防等依附于城市道路的各种管线等设施的建设计划，应当与城市道路发展规划和年度建设计划相协调，坚持（ ）的原则，与城市道路同步建设。

A.先规划、后施工 B.先统筹、后实施 C.先地下、后地上 D.先重要、后次要

【答案】C

【解析】城市供水、排水、燃气、热力、供电、通信、消防等依附于城市道路的各种管线、杆线等设施的建设计划，应当与城市道路发展规划和年度建设计划相协调，坚持先地下、后地上的施工原则，与城市道路同步建设。

考点87 相关标准★★

1.基坑、基槽、沟槽开挖后，建设单位应会同（ ）单位实地验槽，并应会签验槽记录。

A.设计 B.质量监督

C.勘察 D.施工

E.监理

【答案】ACDE

【解析】基坑、基槽、沟槽开挖后，建设单位应会同勘察、设计、施工和监理单位实地验槽，并应会签验槽记录。

【考向预测】本题考查的是施工质量控制相关强制性规定，其中“五方验槽”的单位为重点内容。备考过程中，需注意本内容具有很高的通用性，同时还可结合案例简答题进行考核。

2.关于起重吊装安全规定的说法，错误的是（ ）。

A.起重吊装作业前，必须编制吊装作业的专项施工方案并应进行安全技术措施交底；作业中，未经技术负责人批准，不得随意更改

B.起重机操作人员、起重信号工、司索工等特种作业人员必须持特种作业资格证书上岗

C.大雨、雾、大雪及6级以上大风等恶劣天气应停止吊装作业

D.自行式起重机工作时的停放位置应按施工方案与沟渠、基坑保持安全距离，且作业时可以停放在斜坡上

【答案】D

【解析】D选项错误，自行式起重机工作时的停放位置应按施工方案与沟渠、基坑保持安全距离，且作

业时不得停放在斜坡上。

3.临时用电组织设计及变更时，必须履行“编制、审核、批准”程序，由（　　）组织编制，经相关部门审核及具有法人资格企业的技术负责人批准后实施。

A.电气工程技术人员　　B.项目经理

C.安全技术负责人　　D.项目总工程师

【答案】A

【解析】临时用电组织设计及变更时，必须履行“编制、审核、批准”程序，由电气工程技术人员组织编制，经相关部门审核及具有法人资格企业的技术负责人批准后实施。

考点88　市政公用工程企业资质★★

1.市政公用工程施工总承包企业资质分为（　　）。

A.特级、一级、二级　　B.一级、二级、三级

C.特级、一级、二级、三级　　D.甲级、乙级、丙级

【答案】C

【解析】市政公用工程施工总承包企业资质分为特级、一级、二级、三级。

2.在我国压力管道分类中，供热管道级别划分为（　　）。

A.GB1　　B.GB2　　C.GB3　　D.GB4

【答案】B

【解析】B选项正确，市政工程燃气和热力管道施工需要具备GB类压力管道资质。GB类公用管道是指城市或乡镇范围内的用于公用事业或民用的燃气管道和热力管道，划分为GB1级和GB2级。其中，GB1级是指城镇燃气管道，GB2级是指城镇热力管道。

考点89　施工项目管理机构★★

1.施工总承包项目主要管理人员中，项目经理的职责包括（　　）。

A.组织作业人员入场安全教育

B.发现施工生产中的质量、安全问题，组织制定措施，及时解决

C.组织并参加施工现场定期的质量、安全生产检查

D.组织应急预案的编制、评审及演练

E.负责安全生产措施费用的足额投入，有效实施

【答案】BCDE

【解析】A选项属于项目安全总监的职责。

2.施工总承包项目主要管理人员职责中，（　　）是项目安全生产第一责任人，对项目的安全生产工作负全面责任。

A.安全总监　　B.项目经理　　C.项目负责人　　D.生产经理

【答案】B

【解析】项目经理是项目质量与安全生产第一责任人，对项目的安全生产工作负全面责任。

考点90　施工组织设计★★★

1.施工组织设计应由（　　）主持编制，且必须经（　　）批准，并加盖企业公章后方可实施，有变更时要及时办理变更审批。

A.项目负责人，企业技术负责人　　B.项目总工，企业技术负责人

C.项目总工，企业技术负责人　　D.项目总工，项目监理

【答案】A

【解析】施工组织设计应由项目负责人主持编制，且必须经企业技术负责人批准，并加盖企业公章后方可实施，有变更时要及时办理变更审批。

2.下列选项中属于施工技术方案的主要内容的有（　　）。

A.施工机械　　B.施工组织

C.作业指导书　　D.网络技术

E.施工顺序

【答案】ABE

【解析】施工技术方案的主要内容：施工方法、施工机械、施工组织、施工顺序、现场平面布置、技术组织措施、应急预案。

【考向预测】本题考查的是施工方案编制与管理，其中施工方案的内容、超过一定规模的危大工程的范围为重点内容。备考过程中，此知识点注意和施工组织设计的内容进行对比记忆。施工组织设计内容：（1）工程概况；（2）施工总体部署；（3）施工现场平面布置；（4）施工准备；（5）施工技术方案；（6）主要施工保证措施。

3.超过一定规模的危险性较大的分部分项工程，（　　）应当组织专家对专项方案进行论证。

A.建设单位　　B.设计单位　　C.监理单位　　D.施工单位

【答案】D

【解析】施工单位应当在危险性较大的分部分项工程施工前编制专项施工方案；对于超过一定规模的危险性较大的分部分项工程，施工单位应当组织召开专家论证会对专项施工方案进行论证。

4.根据《危险性较大的分部分项工程管理规定》，下列需要进行专家论证的是（　　）。

A.起重量200kN及以下的起重机械安装和拆卸工程

B.分段架体搭设高度20m及以上的悬挑式脚手架工程

C.搭设高度6m及以下的混凝土模板支撑工程

D.重量800kN的大型结构整体顶升、平移、转体施工工艺

【答案】B

【解析】需要进行专家论证的是：（1）起重量300kN及以上，或搭设总高度200m及以上，或搭设基础标高在200m及以上的起重机械安装和拆卸工程。（2）分段架体搭设高度20m及以上的悬挑式脚手架工程。（3）搭设高度8m及以上，或搭设跨度18m及以上，或施工总荷载（设计值）15kN/m^{2}及以上，或集中线荷载（设计值）20kN/m及以上的混凝土模板支撑工程。（4）重量1000kN及以上的大型结构整体顶升、平移、转体等施工工艺。

【考向预测】本题考查的是超过一定规模的危大工程的范围，其中不同专业的控制数据为重点内容。备考过程中，需重点记忆基坑≥5m，模板支撑高度≥8m、跨度≥18m、施工总荷载≥15kN/m^2，可结合案例计算题进行考核。

5.实行施工总承包的，专项施工方案应当由（　　）组织编制。

A.分包单位　　B.建设单位　　C.监理单位　　D.施工总承包单位

【答案】D

【解析】施工单位应当在危大工程施工前组织工程技术人员编制专项施工方案。实行施工总承包的，专项施工方案应当由施工总承包单位组织编制。危大工程实行分包的，专项施工方案可以由相关专业分包单位组织编制。

考点91　施工招标投标★★

1.招标人和中标人应当自中标通知书发出之日（　　）天内，按照招标文件和中标人的投标文件订立书面合同。

A.10　　B.20　　C.30　　D.40

【答案】C

【解析】招标人和中标人应当自中标通知书发出之日30天内，按照招标文件和中标人的投标文件订立书面合同。

2.澄清和答疑文件应当在招标文件要求提交投标文件截止时间（　　）天前，以书面形式通知所有投标人。

A.5　　B.10　　C.15　　D.20

【答案】C

【解析】澄清和答疑文件应当在招标文件要求提交投标文件截止时间15天前，以书面形式通知所有投标人。

考点92　施工合同管理★★★

1.根据《建设工程施工合同（示范文本）》，除专用条款另有约定外，下列合同文件中拥有最优先解释权的是（　　）。

A.通用合同条款　　B.中标通知书

C.投标函及其附件　　D.技术标准和要求

【答案】B

【解析】解释合同文件的优先顺序如下：（1）合同协议书；（2）中标通知书（如果有）；（3）投标函及其附录（如果有）；（4）专用合同条款及其附件；（5）通用合同条款；（6）技术标准和要求；（7）图纸；（8）已标价工程量清单或预算书；（9）其他合同文件。

【考向预测】本题考查的是施工总承包合同文件，其中合同文件组成及解释权顺序为重点内容。备考过程中，对于解释权顺序，可通过口诀“合中投、专通技、图纸清单和文件”记忆。

2.关于专业分包合同管理要求的说法，错误的是（　　）。

A.分包人不得将其承包的分包工程转包给他人

B.分包人可以将其承包的分包工程的全部或部分再分包给他人

C.分包人经承包人同意可以将劳务作业再分包给具有相应劳务分包资质的劳务分包企业

D.分包人应对再分包的劳务作业的质量等相关事宜进行督促和检查，并承担相关连带责任

【答案】B

【解析】B选项错误，分包人不得将其承包的分包工程的全部或部分再分包给他人。

【考向预测】本题考查的是专业分包合同管理，其中专业分包合同的范围及合同管理要求为重点内容。备考过程中，除了注意分包工程不得再分包和转包外，还应注意分包的范围：除主体结构外的部分可以进行专业分包。同时，本知识点还可在案例中出现改错题，需重点关注。

3.合同风险的管理与防范措施中，合同风险的规避措施包括（　　）。

A.充分利用合同条款　　B.增设有关支付条款

C.加强索赔管理　　D.向保险公司投保

E.外汇风险的回避

【答案】ABCE

【解析】合同风险的规避：充分利用合同条款；增设保值条款；增设风险合同条款；增设有关支付条款；外汇风险的回避；减少承包方资金、设备的投入；加强索赔管理，进行合理索赔。D选项错误，风险的分散和转移包括：向保险公司投保；向分包人转移部分风险。

4.建设工程设备采购合同通常采用的计价方式是（　　）。

A.可调总价合同　　B.固定单价合同

C.固定总价合同　　D.成本加酬金合同

【答案】C

【解析】设备采购合同通常采用固定总价合同，在合同交货期内价格不进行调整。

5.按照国际惯例以及国内合同范本的要求，施工合同的通用条款对于易发生重大风险事件的投保范围作了明确规定，投保范围包括（　　）等。

A.工程一切险

B.社会保险

C.第三者责任险

D.人身意外伤害险

E.承包人设备保险

【答案】ACDE

【解析】按照国际惯例以及国内合同范本的要求，施工合同的通用条款对于易发生重大风险事件的投保范围作了明确规定，投保范围包括工程一切险、第三者责任险、人身意外伤害险、承包人设备保险、执（职）业责任险。

考点93　施工进度管理★★★

1.下图双代号网络图中，下部的数字表示的含义是（　　）。

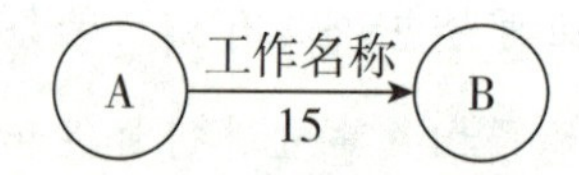

A.工作持续时间

B.施工顺序

C.节点排序

D.工作名称

【答案】A

【解析】在双代号网络图中，箭头上方为工作名称，下方为工作持续时间。

2.某市政工程双代号网络计划如下图，该工程的总工期为（　　）个月。

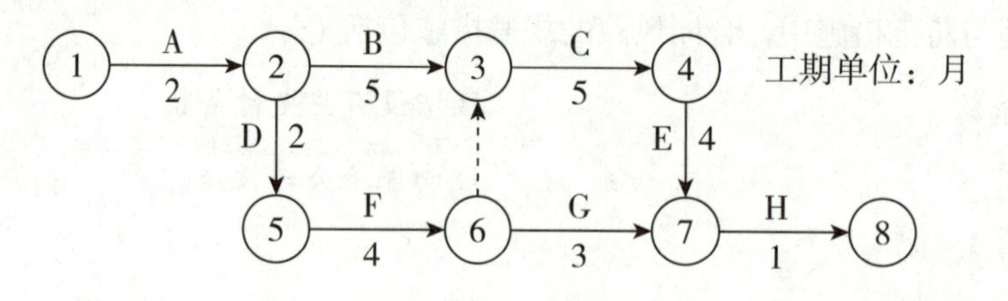

A.12

B.17

C.18

D.19

【答案】C

【解析】关键线路为：①→②→⑤→⑥→③→④→⑦→⑧，总工期为2+2+4+5+4+1=18（月）。

3.下图为某道路施工进度计划网络图，总工期和关键线路正确的有（　　）。

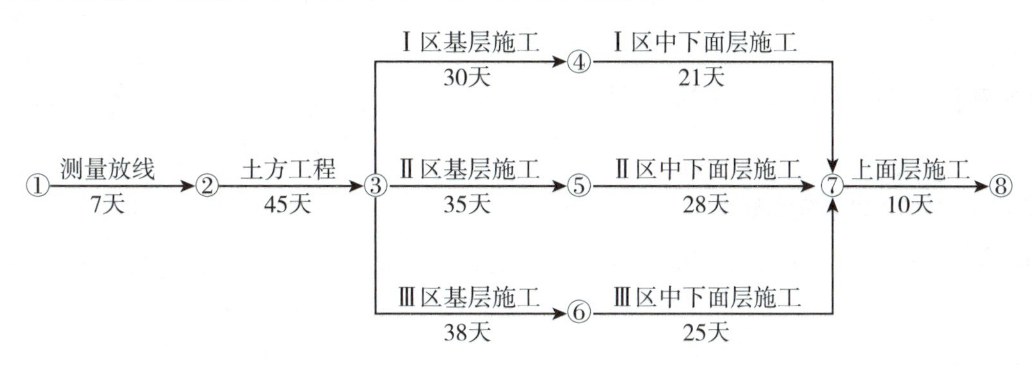

A.总工期113天

B.总工期125天

C.①→②→③→④→⑦→⑧

D.①→②→③→⑤→⑦→⑧

E.①→②→③→⑥→⑦→⑧

【答案】BDE

【解析】根据施工计划网络图，关键线路有两条，分别是：①→②→③→⑤→⑦→⑧、①→②→③→⑥→⑦→⑧。总工期为125天。

考点94　施工质量管理★★

1.关于项目实施过程质量管理的说法，正确的是（　　）。

A.承包方应对分包工程质量负主要责任，分包方承担连带责任

B.关键工序、质量风险大的分项工程应作为质量管理控制的重点

C.隐蔽工程未经检验严禁转入下道工序

D.质量控制的要点应随工程进度、施工条件变化进行调整

E.不合格验收批经返工后即可直接进入下道工序

【答案】BCD

【解析】A选项错误，承包方应对分包工程的质量负连带责任，分包商承担主要责任。E选项错误，不合格验收批经返工后，复检验收合格才可直接进入下道工序。

2.不合格产品的处置情况包括（　　）。

A.返工、返修

B.让步接收

C.降级使用

D.拒收（报废）

E.见证取样

【答案】ABCD

【解析】不合格处置应根据不合格程度，按返工、返修，让步接收，降级使用，拒收（报废）4种情况进行处理。E选项不正确，对涉及结构安全、节能、环境保护和主要使用功能的试块、试件及材料，应按规

定进行见证检验。见证检验应在建设单位或者监理单位的监督下现场取样、送检，检测试样应具有真实性和代表性。

【考向预测】本题考查的是施工过程质量控制，其中分部分项工程质量控制、不合格产品控制为重点内容。在备考策略上，除了记忆不合格产品的处理情况外，还需注意见证取样的单位，可结合案例题考核。

3.造成3人以上10人以下死亡属于（　　）。

A.特别重大事故　　B.重大事故　　C.较大事故　　D.一般事故

【答案】C

【解析】根据工程质量事故造成的人员伤亡或者直接经济损失，工程质量事故分为4个等级，如表8-1所示。

表8-1　工程质量事故等级划分表

事故等级	死亡	重伤	直接经济损失
一般	＜3	＜10	＜1000万
较大	3≤人＜10	10≤人＜50	1000万≤金额＜5000万
重大	10≤人＜30	50≤人＜100	5000万≤金额＜1亿元
特别重大	≥30	≥100	≥1亿元以上

【考向预测】本题考查的是施工质量事故的预防与处理，其中质量事故分类、事故报告和调查处理为重点内容。备考策略上，可结合口诀“313，151”对临界值进行记忆，注意临界值为“就高”原则。

考点95　竣工验收管理★

1.关于竣工验收要求的说法，正确的有（　　）。

A.工程竣工报告应经项目经理和施工单位有关负责人审核签字

B.对于委托监理的工程项目，监理单位对工程质量评估，具有完整监理资料，并提出工程质量评估报告；工程质量评估报告应经总监理工程师和监理单位有关负责人审核签字

C.勘察、设计单位对勘察、设计文件及施工过程中由设计单位签署的设计变更通知书进行了检查，并提出质量检查报告

D.有完整的技术档案和施工管理资料

E.有设计单位签署的工程质量保修书

【答案】ABCD

【解析】竣工验收的基本要求：（1）完成工程设计与合同约定的各项内容。（2）施工单位在工程完工后对工程质量进行了检查，确认工程质量符合有关法律、法规和工程建设强制性标准，符合设计文件及合同要求，并提出工程竣工报告。工程竣工报告应经项目经理和施工单位有关负责人审核签字。（3）对于委托监理的工程项目，监理单位对工程进行了质量评估，具有完整的监理资料，并提出工程质量评估报告。工程质量评估报告应经总监理工程师和监理单位有关负责人审核签字。（4）勘察、设计单位对勘察、设计文件及施工过程中由设计单位签署的设计变更通知书进行了检查，并提出质量检查报告。质量检查报告应经

该项目勘察、设计负责人和勘察、设计单位有关负责人审核签字。（5）有完整的技术档案和施工管理资料。（6）有工程使用的主要建筑材料、建筑构配件和设备的进场试验报告，以及工程质量检测和功能性试验资料。（7）建设单位已按合同约定支付工程款。（8）有施工单位签署的工程质量保修书。（9）建设主管部门及工程质量监督机构责令整改的问题全部整改完毕。E选项错误，应该是有施工单位签署的工程质量保修书。

【考向预测】本题考查的是竣工验收基本要求。备考策略上，需注意此知识点也可考核案例简答题，比如“竣工验收的基本条件/基本要求有哪些？”，可以以“单位”为介质进行记忆。

2.工程竣工验收由（　　）负责组织实施。

A.设计单位　　B.监理单位

C.施工单位　　D.建设单位

【答案】D

【解析】工程竣工验收由建设单位负责组织实施。

考点96　施工成本管理★

以下属于项目施工成本核算方法的有（　　）。

A.表格核算法　　B.比较法

C.因素分析法　　D.会计核算法

E.比率法

【答案】AD

【解析】项目施工成本核算的方法：（1）表格核算法；（2）会计核算法。B、C、E选项不正确，施工成本分析方法：（1）比较法；（2）因素分析法；（3）差额计算法；（4）比率法。

考点97　常见施工安全事故及预防★★★

1.施工现场临时用电设备在5台以上或设备总容量在50kW及以上者，应编制（　　）。

A.临时用电施工组织设计　　B.安全用电技术措施

C.电气防火措施　　D.安全实施细则

【答案】A

【解析】施工现场临时用电设备在5台及以上或设备总容量在50kW及以上时，应编制施工现场临时用电组织设计，并应经审核和批准。

2.关于坍塌事故预防措施的说法，正确的有（　　）。

A.同一隧道内相对开挖（非爆破方法）的两开挖面距离为两倍洞径且不小于10m时，一端应停止掘进，

并保持开挖面稳定

B.两条平行隧道（含导洞）相距小于1倍洞径时，其开挖面前后错开距离不得大于15m

C.各类施工机械与基坑边缘、边坡坡顶、桩孔边的距离，应根据设备重量、支护结构、土质情况按设计要求进行确定，并不宜小于1.5m

D.建筑施工临时结构应遵循先设计后施工的原则

E.结构物上堆放建筑材料、模板、小型施工机具或其他物料时，应控制堆放数量、重量，严禁超过原设计荷载，必要时可进行加固

【答案】ACDE

【解析】B选项错误，两条平行隧道（含导洞）相距小于1倍洞径时，其开挖面前后错开距离不得小于15m。

3.关于中毒和窒息事故预防措施的说法，正确的有（　　）。

A.无关人员不得进入有限空间，并应在醒目位置设置警示标志；作业人员进入有限空间前和离开时应准确清点人数

B.有限空间作业可以无人监护

C.可以使用纯氧对有限空间进行通风换气

D.气体检测应按照氧气含量、可燃性气体、有毒有害气体顺序进行，检测内容至少应当包括氧气、可燃气、硫化氢、一氧化碳

E.有限空间作业前，必须严格执行“先检测、再通风、后作业”的原则

【答案】AD

【解析】B选项错误，有限空间作业应有专人监护。C选项错误，严禁使用纯氧对有限空间进行通风换气。E选项错误，有限空间作业前，必须严格执行“先通风、再检测、后作业”的原则。

【考向预测】本题考查的是中毒和窒息预防措施。在备考策略上，需注意“中毒和窒息”安全事故常出现在有限空间作业，所以此内容还可转换为案例简答题考核，如“井下作业可以采取的安全防护措施有哪些？”

考点98　施工安全管理要点★★★

1.关于总承包单位按照工程合同价配备项目专职安全生产管理人员，下列说法中，正确的是（　　）。

A.5000万元以下的工程不少于1人

B.5000万～1亿元的工程不少于1人

C.5000万～1亿元的工程不少于2人

D.1亿元及以上的工程不少于3人

E.1亿元及以上的工程按专业配备专职安全生产管理人员

【答案】ACDE

【解析】土木工程、线路管道、设备安装工程总承包单位按照工程合同价配备项目专职安全生产管理

人员：

（1）5000万元以下的工程不少于1人。

（2）5000万～1亿元的工程不少于2人。

（3）1亿元及以上的工程不少于3人，且按专业配备专职安全生产管理人员。

2.施工项目部的安全检查应包括（　　）。

A.专项检查　　B.季节性检查

C.日常性检查　　D.定期检查

E.第三方检查

【答案】ABCD

【解析】项目部安全检查可分为定期检查、日常性检查、专项检查、季节性检查等多种形式。

3.下列属于专项安全检查内容的是（　　）。

A.临时用电检查　　B.防汛检查

C.防风检查　　D.每周检查

【答案】A

【解析】专项安全检查内容：施工机具、临时用电、防护设施、消防设施等。B、C选项错误，防汛检查、防风检查属于季节性检查。D选项错误，每周检查属于定期检查。

4.新进场的工人，必须接受（　　）三级安全培训教育。

A.劳动部门　　B.专业部门

C.公司　　D.班组

E.项目

【答案】CDE

【解析】新进场的工人，必须接受公司、项目、班组的三级安全培训教育，经考核合格后，方能上岗。

【考向预测】本题考查的是安全生产教育培训，其中“三级”安全教育为重点内容。备考策略上，此内容可结合质量管理中的“三检制”对比学习，三检制包括自检、互检、专业检。

5.关于承插型盘扣式钢管模板支撑架构造要求的说法，正确的有（　　）。

A.当支撑架搭设高度小于16m时，顶层步距内应每跨布置竖向斜杆

B.支撑架可调托撑伸出顶层水平杆或双槽托梁中心线的悬臂长度不应超过650mm，且丝杆外露长度不应超过400mm

C.支撑架可调底座丝杆插入立杆长度不得小于200mm，丝杆外露长度不宜大于300mm

D.当支撑架搭设高度超过8m、周围有既有建筑结构时，应沿高度每间隔4～6个标准步距与周围已建成的结构进行可靠拉结

E.支撑架应沿高度每间隔4～6个标准步距设置水平剪刀撑

【答案】BDE

【解析】A选项错误，当支撑架搭设高度大于16m时，顶层步距内应每跨布置竖向斜杆。C选项错误，支撑架可调底座丝杆插入立杆长度不得小于150mm，丝杆外露长度不宜大于300mm。

【考向预测】本题考查的是脚手架施工安全管理要点。备考策略上，需注意，支架搭设参数的正确控制是保证安全的关键因素，所以此内容可结合安全事故考查原因分析类简答题，注意结合桥梁通用技术中“支架搭设”相关要求进行学习。

考点99　绿色建造★★

1.以下不属于扬尘控制措施的是（　　）。

A.现场应建立洒水清扫制度，配备洒水设备，并应由专人负责

B.对裸露地面、集中堆放的土方应采取抑制扬尘措施

C.运送土方、渣土等易产生扬尘的车辆应采取封闭或遮盖措施

D.噪声较大的设备，应尽量远离办公区、生活区和周边住宅区

【答案】D

【解析】施工现场扬尘控制措施：（1）现场应建立洒水清扫制度，配备洒水设备，并应由专人负责；（2）对裸露地面、集中堆放的土方应采取抑制扬尘措施；（3）运送土方、渣土等易产生扬尘的车辆应采取封闭或遮盖措施；（4）现场进出口应设冲洗池和吸湿垫，应保持进出现场车辆清洁；（5）易飞扬和细颗粒建筑材料应封闭存放，余料应及时回收；（6）拆除爆破作业应有降尘措施。D选项错误，防止施工噪声污染的措施包括：（1）应采用低噪声设备；（2）噪声较大的设备，应尽量远离办公区、生活区和周边住宅区；（3）夜间施工噪声声强值应符合规定。

【考向预测】本题考查的是施工现场资源节约与循环利用，其中环境保护为重点内容。备考策略上，需注意此内容也可考核案例题，比如问题转换为“施工现场的扬尘控制措施有哪些？环境保护措施有哪些？”等。

2.绿色建造运营管理指运营单位按照可持续发展的要求，把（　　）的理念，贯穿于运营管理过程各个方面，以达到经济效益、社会效益和环保效益的有机统一。

A.以人为本、保护和改善生态与环境、有益于公众身心健康

B.节约资源、以人为本、有益于公众身心健康

C.节约资源、保护和改善生态与环境、以人为本

D.节约资源、保护和改善生态与环境、有益于公众身心健康

【答案】D

【解析】绿色建造运营管理指运营单位按照可持续发展的要求，把节约资源、保护和改善生态与环境、有益于公众身心健康的理念，贯穿于运营管理过程各个方面，以达到经济效益、社会效益和环保效益的有机统一。

考点100　施工现场环境管理★★

1.绿色施工管理应包括（　　）。

A.节地与土地资源保护管理

B.节能与能源利用管理

C.节水与水资源利用管理

D.节材与材料资源利用管理

E.勘察管理

【答案】ABCD

【解析】绿色施工管理应包括节地与土地资源保护管理、节能与能源利用管理、节水与水资源利用管理、节材与材料资源利用管理、环境保护管理、作业环境与职业健康管理。

2.现场沿工地四周应连续设置围挡，市区主要路段和其他涉及市容景观路段的工地设置围挡的高度不得低于（　　）m。

A.1.8　　B.2

C.2.5　　D.2.8

【答案】C

【解析】沿工地四周连续设置围挡，市区主要路段和其他涉及市容景观路段的工地设置围挡的高度应不低于2.5m，其他工地的围挡高度应不低于1.8m，围挡材料要求坚固、稳定、统一、整洁、美观。

3.施工现场进口处必须设置的牌图是（　　）。

A.工程效果图

B.施工现场总平面图

C.工程设计总平面图

D.项目部组织机构图

【答案】B

【解析】施工现场的进口处应有整齐明显的“五牌一图”。五牌：工程概况牌、管理人员名单及监督电话牌、消防保卫牌、安全生产牌、文明施工牌。一图：施工现场总平面图。

专题练习

【案例1】

某公司承接一项管道埋设项目，将其中的雨水管道埋设工作安排所属项目部完成，该地区的土质为黄土，合同工期13天，项目部为了能顺利完成项目，根据人员、机具设备等情况，将施工工序合理分为3个施工过程（挖土、排管、回填），并划分了三个施工段，确定了每段工作的时间，编制了双代号网络图，如图8-1所示。

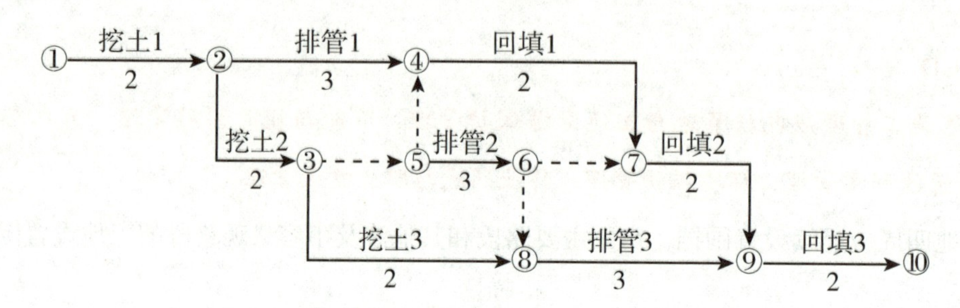

图8-1　双代号网络计划表示的进度计划

【问题】

1.改正图8-1中的错误（用文字表示）。

2.写出排管2的事后工作与事前工作。

3.图8-1中的关键线路为哪条？计划工期为多少天？能否在合同工期完成该项目？

4.该雨水管道在回填前是否需要做严密性试验？哪些土质在施工雨水管道回填前必须做严密性试验？

答题区

参考答案

1.虚箭线由④指向⑤。

2.排管2的紧前工作：排管1和挖土2。

排管2的紧后工作：排管3和回填2。

3.（1）关键线路①→②→④→⑤→⑥→⑧→⑨→⑩。

（2）计划工期13天，计划工期=合同工期，能按时完成。

【考向预测】本题考查的是施工进度管理，其中横道图、网络图为重点内容。本题采用的是标号法：从左往右持续时间在节点位置累计相加，一个节点有2个数据时取大值。备考策略上，需注意此内容除了考核工期计算、关键线路识别外，还会结合“虚箭线”考核修改或补充网络图。

4.（1）需要进行严密性试验。

（2）膨胀土、流砂、湿陷土。

【案例2】

某市为了交通发展需修建一条双向快速环线（如图8-2所示），里程桩号为K0+000～K19+998.984。建设单位将该建设项目划分为10个标段。项目清单如表8-2所示，当年10月份进行招标，拟定工期为24个月，同时成立了管理公司，由其代建。

各投标单位按要求中标后，管理公司召开设计交底会，与会参加的有设计、勘察、施工单位等。开会时，有③、⑤标段的施工单位提出自己中标的项目中各有1座泄洪沟小桥的桥位将会制约相邻标段的通行，给施工带来不便，建议改为过路管涵，管理公司表示认同，并请设计单位出具变更通知单，施工现场采取封闭管理，按变更后的图纸组织现场施工。③标段的施工单位向管理公司提交了施工进度计划横道图（如图8-3所示）

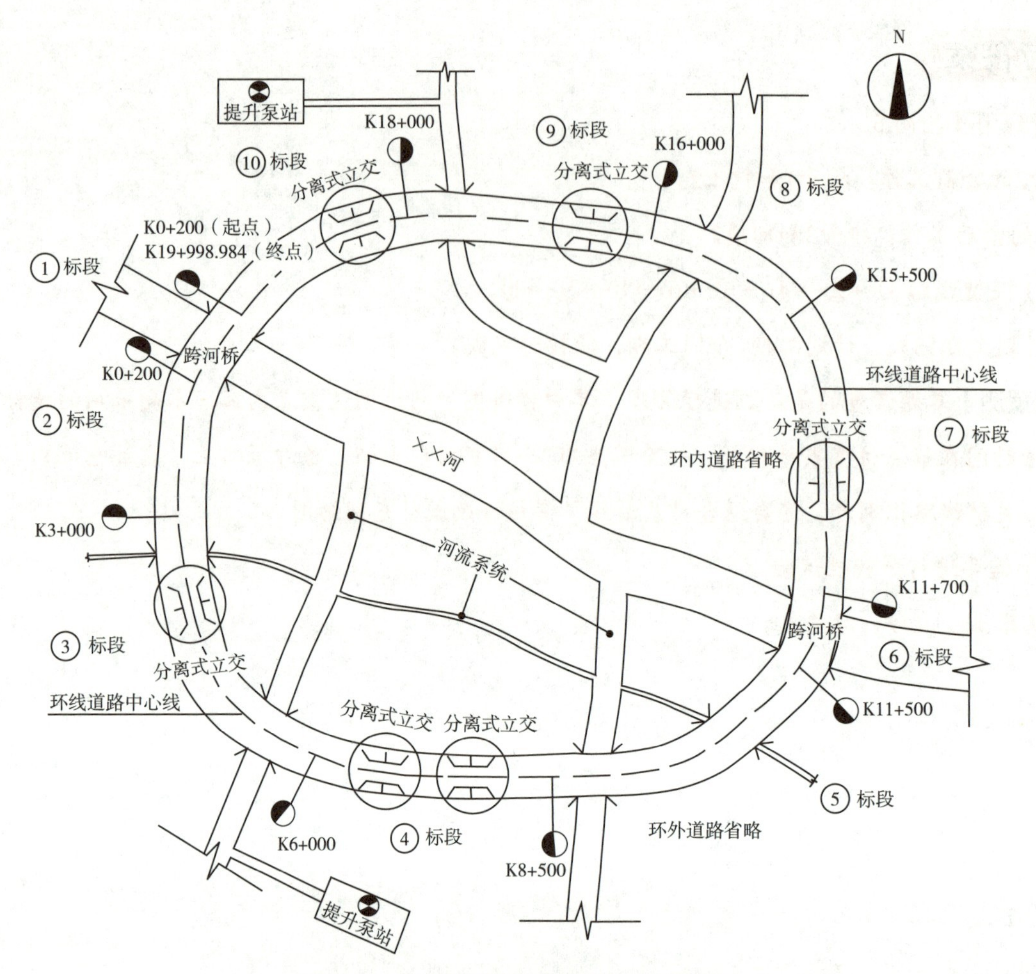

图8-2　某市双向快速环线平面示意图

表8-2　某市快速环路项目清单

标段号	里程桩号	项目内容
①	K0+000 ~ K0+200	跨河桥
②	K0+200 ~ K3+000	排水工程、道路工程
③	K3+000 ~ K6+000	沿路跨河中小桥、分离式立交、排水工程、道路工程
④	K6+000 ~ K8+500	提升泵站、分离式立交、排水工程、道路工程
⑤	K8+500 ~ K11+500	A
⑥	K11+500 ~ K11+700	跨河桥
⑦	K11+700 ~ K15+500	分离式立交、排水工程、道路工程
⑧	K15+500 ~ K16+000	沿路跨河中小桥、排水工程、道路工程
⑨	K16+000 ~ K18+000	分离式立交、沿路跨河中小桥、排水工程、道路工程
⑩	K18+000 ~ K19+998.984	分离式立交、提升泵站、排水工程、道路工程

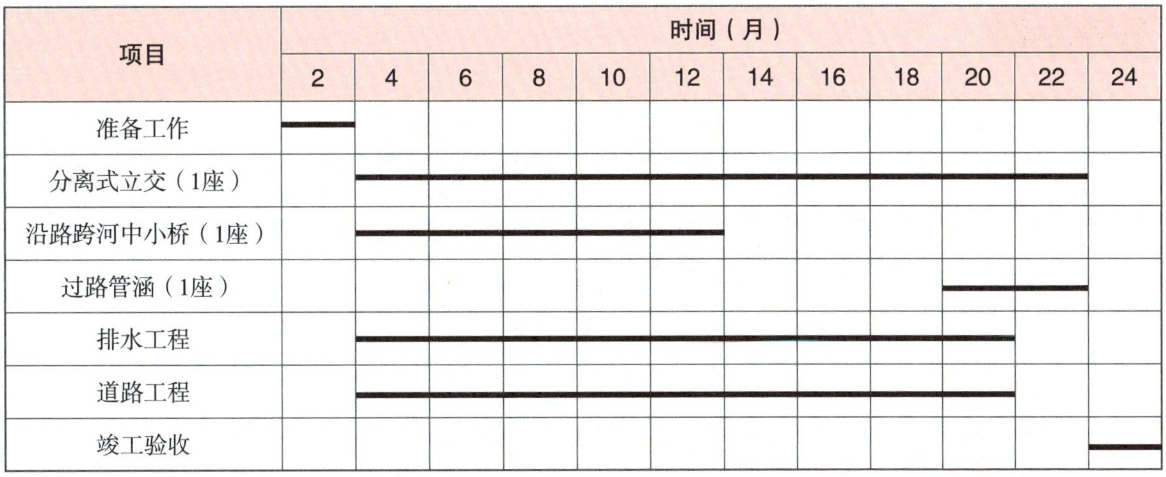

项目	时间（月）											
	2	4	6	8	10	12	14	16	18	20	22	24
准备工作	—											
分离式立交（1座）		—	—	—	—	—	—	—	—	—	—	
沿路跨河中小桥（1座）		—	—	—	—	—						
过路管涵（1座）										—	—	
排水工程		—	—	—	—	—	—	—	—	—		
道路工程		—	—	—	—	—	—	—	—	—		
竣工验收												—

图8–3 ③标段施工进度计划横道图

【问题】

1.按表8-2所示，根据各项目特征，该建设项目有几个单位工程？写出其中⑤标段A的项目内容。⑩标段完成的长度为多少米？

2.成立的管理公司担当哪个单位的职责？与会者还缺哪家单位？

3.③、⑤标段的施工单位提出变更申请的理由是否合理？针对施工单位提出的变更设计申请，管理单位应如何处理？为保护现场封闭施工，施工单位最先完成与最后完成的工作是什么？

4.写出③标段施工进度计划横道图中出现的不妥之处，应该怎样调整？

答题区

参考答案

1.（1）根据各项目特征，该建设项目有10个单位工程。

（2）⑤标段A的项目内容：道路工程、排水工程、沿路跨河中小桥。

（3）⑩标段完成的长度：19998.984-18000=1998.984（m）。

2.（1）成立的管理公司担当建设单位的职责。

（2）监理单位。

3.（1）③、⑤标段的施工单位提出变更申请的理由合理。

（2）监理单位审查后，报管理公司审批，再由设计单位出具设计变更。

（3）施工单位最先完成的工作是设置围挡，最后完成的工作是拆除围挡。

4.不妥之处一：过路管涵竣工在道路工程竣工后。

调整：过路管涵在排水工程之前施工。

不妥之处二：排水工程与道路工程同步竣工。

调整：排水工程在道路工程之前竣工。

【考向预测】本题考查的是施工进度管理。本题的解题关键在于理解过路管涵和道路之间的位置关系，按照管线和道路联合施工时“先地下、后地上”的原则，应该先施工位于地下的过路管涵。因此过路管涵的结束时间在道路工程之后是不正确的。排水工程同理。

【案例3】

A公司承建城市道路改扩建工程，其中新建一座单跨简支桥梁，节点工期为90天，项目部编制的网络进度计划如图8-4所示。公司技术负责人在审核中发现该施工进度计划不能满足节点工期要求，工序安排不合理，要求在每项工作作业时间不变、桥台钢模板仍为一套的前提下对网络进度计划进行优化。桥梁工程施工前，由专职安全员对整个桥梁工程进行了安全技术交底。

桥台施工完成后在台身上发现较多裂缝，裂缝宽度为0.1～0.4mm，深度为3～5mm，经检测鉴定这些裂缝危害性较小，仅影响外观质量，项目部按程序对裂缝进行了处理。

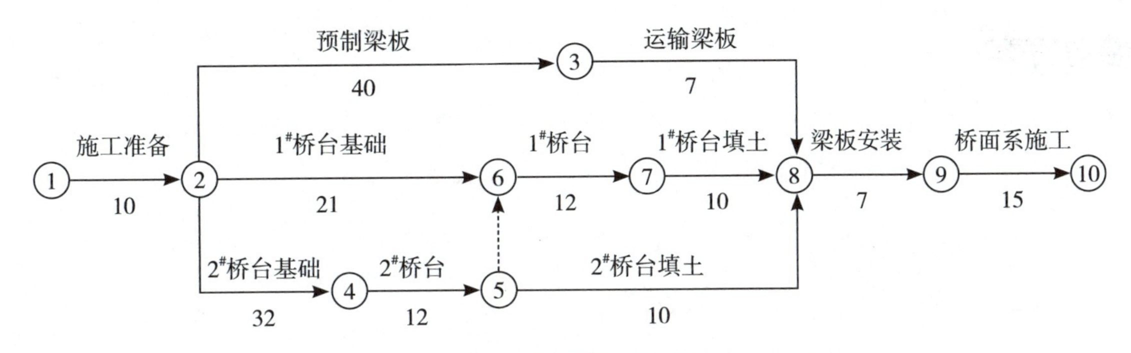

图8-4 桥梁施工进度网络计划图（单位：d）

【问题】

1.绘制优化后的该桥梁施工网络进度计划，给出关键线路和节点工期。

2.针对桥梁工程安全技术交底的不妥之处，给出正确做法。

3.按裂缝深度分类，背景材料中的裂缝属于哪种类型？试分析裂缝形成的可能原因。

4.给出背景材料中裂缝的处理方法。

答题区

参考答案

1.关键线路：①→②→④→⑤→⑥→⑦→⑧→⑨→⑩。节点工期为87天，小于90天，满足要求。

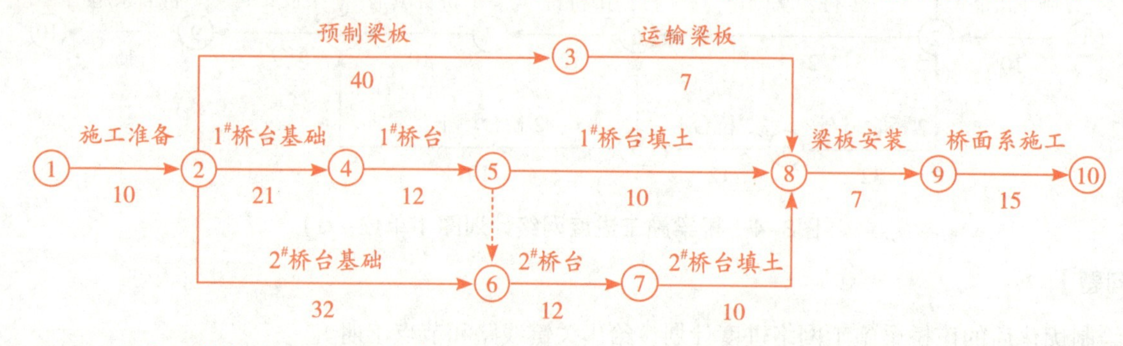

【考向预测】本题考查的是施工进度管理网络图绘制。本题解题的关键在于背景信息中的“桥台钢模只有1套”的条件限制，题干提示可以调整的位置为“1#桥台”和“2#桥台”。从原网络图中可以看出，节点⑥的位置，1#桥台基础做完后等待的时间比较长，2#桥台需要等1#桥台施工完之后才能开始，因此可以尝试调整“1#桥台”和“2#桥台”的位置，调整完之后可以看出工期明显缩短，且满足题干工期要求。

2.施工前，由专职安全员对整个桥梁工程进行了安全技术交底不妥。

正确做法：桥梁工程施工前，应由项目技术负责人对参建人员（包括分包单位人员、专职安全员）进行书面的安全技术交底，并且交底人、被交底人、专职安全员等人员应当签字，签字文件归档留存。

3.属于表面裂缝。表面裂缝主要是温度裂缝，由水泥水化热、内外约束条件、外界气温变化、混凝土收缩变形引起，施工过程中的振捣不充分、未分层浇筑、养护方式不当、养护时间不足等施工问题也会导致裂缝。

4.可采用等强度水泥（砂）浆或环氧砂浆抹面封闭。

【案例4】

某施工单位承建城镇道路改扩建工程，全长2km，工程项目主要包括：（1）原机动车道的旧水泥混凝土路面加铺沥青混凝土面层；（2）原机动车道两侧加宽，新建非机动车道和人行道；（3）新建人行天桥一座。人行天桥桩基共设计12根，为人工挖孔灌注桩，改扩建道路平面布置如图8-5所示，灌注桩的桩径、桩长见表8-3。

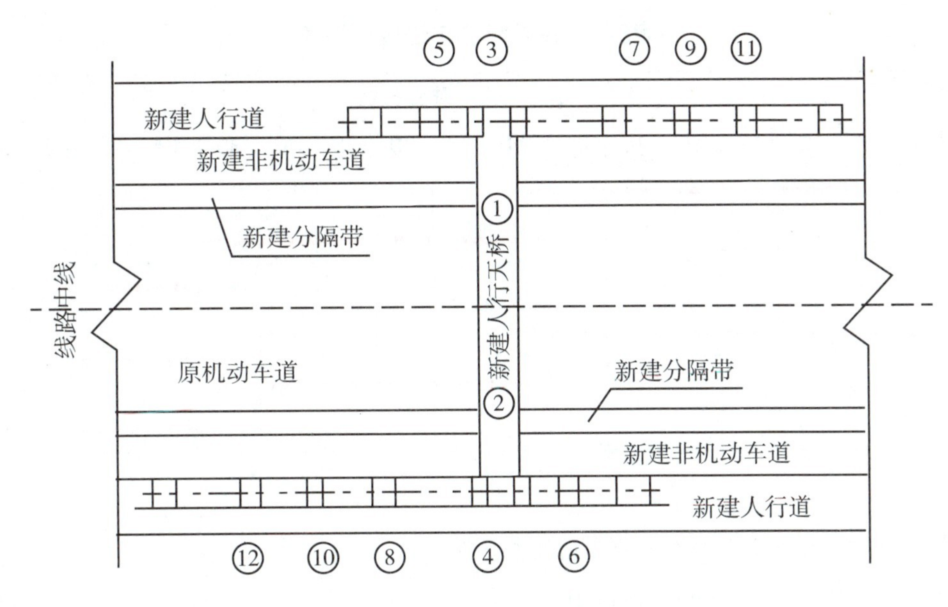

图8-5　改扩建道路平面布置示意图

表8-3　桩径、桩长对照表

桩号	桩径（mm）	桩长（m）
①②③④	1200	21
⑤⑥⑦⑧⑨⑩⑪⑫	1000	18

施工过程中发生如下事件：

事件一：项目部将原已获批的施工组织设计中的施工部署，即非机动车道（双侧）→人行道（双侧）→挖孔桩→原机动车道加铺，改为挖孔桩→非机动车道（双侧）→人行道（双侧）→原机动车道加铺。

事件二：项目部编制了人工挖孔桩专项施工方案，经施工单位总工程师审批后上报总监理工程师申请开工，被总监理工程师退回。

事件三：旧水泥混凝土路面加铺前，项目部进行了外观调查，并采用探地雷达对道板下状况进行扫描探测，将旧水泥混凝土道板的现状分为三种状态，即A为基本完好；B为道板面上存在接缝和裂缝；C为局部道板底脱空，道板局部断裂或碎裂。

事件四：项目部按两个施工队同时进行人工挖孔桩施工，计划显示挖孔桩施工需57天完工，施工进度计划见表8-4，为加快工程进度，项目经理决定将9、10、11、12号桩安排第三个施工队进场施工，三队同时作业。

表8-4 挖孔桩施工进度计划表

作业队伍	工作内容	作业天数																		
		3	6	9	12	15	18	21	24	27	30	33	36	39	42	45	48	51	54	57
1队	②④	━	━	━	━	━	━	━												
	⑥⑧								━	━	━	━	━	━						
	⑩⑫														━	━	━	━	━	━
2队	①③	━	━	━	━	━	━	━												
	⑤⑦								━	━	━	━	━	━						
	⑨⑪														━	━	━	━	━	━

【问题】

1.事件一中，项目部改变施工部署需要履行哪些手续？

2.写出事件二中专项施工方案被退回的原因。

3.事件三中，在加铺沥青混凝土前，对C状态的道板应采取哪些处理措施？

4.事件四中，画出按三个施工队同时作业的横道图，并计算人工挖孔桩施工需要的作业天数。

答题区

参考答案

1.项目部改变获批施工组织中的施工部署，需要履行施工组织设计变更程序；变更后重新编制施工组织设计，经企业技术负责人批准后方可实施。

2.（1）原因之一：仅编制专项方案不行，还需组织专家论证。从表8-3可以看出，此工程人工挖孔桩的开挖深度超过16m，故需要编制专项方案，并组织专家论证。

（2）原因之二：专项方案的审批程序不对。应当由施工单位技术负责人审核签字、加盖单位公章，并由总监理工程师审查签字、加盖执业印章后方可实施。

3.（1）对于局部道板底脱空，采用从地面钻孔注浆方法进行基底处理，通过试验确定注浆压力、初凝时间、注浆流量、浆液扩散半径等参数。

（2）对于道板局部断裂或碎裂，将破坏部位凿除，换填基底并压实后，重新浇筑混凝土。

4. 39天。

作业队伍	工作内容	作业天数												
		3	6	9	12	15	18	21	24	27	30	33	36	39
1队	②④	—	—	—	—	—	—	—						
	⑥⑧								—	—	—	—	—	—
2队	①③	—	—	—	—	—	—	—						
	⑤⑦								—	—	—	—	—	—
3队	⑩⑫	—	—	—	—	—	—							
	⑨⑪							—	—	—	—	—	—	

【案例5】

A公司承建中水管道工程，全长870m，管径DN600mm。管道出厂由南向北垂直下穿快速路后，沿道路北侧绿地向西排入内湖，管道覆土3.0～3.2m；管材为碳素钢管，防腐层在工厂内施作。施工图设计建议：长38m下穿快速路的管段采用机械顶管法施工混凝土套管；其余管道全部采用开槽法施工。施工区域土质较好，开挖土方可用于沟槽回填，施工时可不考虑地下水影响。依据合同约定，A公司将顶管施工分包给B专业公司。开槽段施工从西向东采用流水作业。

施工过程中发生如下事件：

事件一：质量员发现个别管道沟槽胸腔回填存在采用推土机从沟槽一侧推土入槽不当施工现象，立即责令施工队停工整改。

事件二：由于发现顶管施工范围内有不明显管线，B公司项目部征得A公司项目负责人同意，拟改用人工顶管方法施工混凝土套管。

事件三：质量安全监督部门例行检查时，发现顶管坑内电缆破损较多，存在严重安全隐患，对A公司和建设单位进行通报批评；A公司对B公司处以罚款。

事件四：受局部拆迁影响，开槽施工段出现进度滞后局面，项目部拟采用调整工作关系的方法控制施工进度。

【问题】

1.分析事件一中施工队不当施工可能产生的后果，并写出正确做法。

2.事件二中，机械顶管改为人工顶管时，A公司项目部应履行哪些程序？

3.事件三中，A公司对B公司的安全管理存在哪些缺失？A公司在总分包管理体系中应对建设单位承担什么责任？

4.简述调整工作关系方法在本工程中的具体应用。

答题区

参考答案

1.（1）可能产生的后果：①造成沟槽塌方、管道位置偏移和管道不均匀沉降。②推入土层过厚，会造成回填土压实度不合格。

（2）正确的做法：①管道两侧和管顶以上500mm范围内的回填材料，应由沟槽两侧对称运入槽内，不得由一侧推土入槽。②管道回填从管底基础部位开始到管顶以上500mm范围内，必须采用人工回填。③管顶500mm以上部位，可用机械从管道轴线两侧同时夯实；每层回填高度应不大于200mm。

2.机械顶管改成人工顶管时，A公司项目部应履行的程序：（1）编制人工顶管安全专项施工方案，实行专家论证的应重新组织论证，通过后经A公司技术负责人审批加盖公章，上报总监理工程师和建设单位的项目负责人审批，再按方案进行施工。（2）遵照有关规定，向道路权属部门重新办理下穿道路占用的变更手续。

【考向预测】本题考查的是专项施工方案的变更程序。本题的关键在于识别顶管属于超过一定规模的危大工程范围，所以变更流程为专项施工方案的变更程序。备考过程中，注意和常规施工方案的变更程序进行区分。施工方案变更流程：施工单位向监理单位申请，监理报建设单位审批。

3.（1）A公司对B公司的安全管理存在的缺失：①只对B公司进行罚款不对，应监督B公司进行整改，整改后进行验证。②未对B公司进行安全技术交底和安全监督检查。

（2）A公司对建设单位承担连带责任。

4.调整施工队伍由流水作业改为平行作业，增加为两套作业班组，分别是由西向东施作，由东向西施作。加大各种资源的投入，工作制由两班变为三班倒，从而保证工期的要求。

第三部分 触类旁通

一、75%总结

1.雨水支管包封：雨水支管与雨水口四周回填应密实。处于道路基层内的雨水支管应做360°混凝土包封，且在包封混凝土达到设计强度75%前不得放行交通。

2.装配式挡土墙施工：挡土板的基底应平整或用混凝土找平，槽形挡土板槽口向外，矩形挡土板主筋在外侧，挡土板与桩的搭接处应平整接触，桩身混凝土强度≥75%设计强度时，方可安装挡土板。

3.预应力先张法：放张预应力筋时混凝土强度必须符合设计要求，设计未要求时，不得低于强度设计值的75%。

4.预应力后张法：混凝土强度应符合设计要求，设计未要求时，不得低于强度设计值的75%，且应将限制位移的模板拆除后，方可进行张拉。

5.预制构件吊装：节段（构件）起吊时，混凝土的强度应符合设计要求；设计无要求时，混凝土的强度不得低于设计强度的75%，后张预应力构件孔道压浆强度应符合设计要求或不低于设计强度的75%。

6.预制桥墩安装：安装后应及时浇筑杯口混凝土，待混凝土硬化后拆除硬楔，浇筑二次混凝土，待杯口混凝土达到设计强度的75%后方可拆除斜撑。

7.装配式梁板移运：构件在脱底模移运、吊装时，混凝土的强度不得低于设计强度的75%，后张预应力构件孔道压浆强度应符合设计要求或不低于设计强度的75%，且不应低于30MPa。

8.现浇拱桥施工：装配式拱桥构件在吊装时，混凝土的强度不得低于设计要求；设计无要求时，不得低于设计强度值的75%。

间隔槽混凝土浇筑应由拱脚向拱顶对称进行。应待拱圈混凝土分段浇筑完成且强度达到75%设计强度且接合面按施工缝处理后再进行。

拱圈（拱肋）封拱合龙时混凝土强度应符合设计要求，设计无要求时，各段混凝土强度应达到设计强度的75%。

9.护栏设施施工：预制混凝土栏杆采用榫槽连接时，安装就位后应用硬塞块固定，灌浆固结。塞块拆除时，灌浆材料强度不得低于设计强度的75%。采用金属栏杆时，焊接必须牢固，毛刺应打磨平整，并及时除锈防腐。

10.沉井基础：就地浇筑沉井首节的下沉应在井壁混凝土达到设计强度后进行；其上各节达到设计强度的75%后方可下沉。

11.台背填土的主要控制项目：台身、挡墙混凝土强度达到设计强度的75%以上时，方可回填土。拱桥台背填土应在承受拱圈水平推力前完成。

12.无粘结预应力筋张拉：无粘结预应力筋张拉时，混凝土同条件立方体试块抗压强度应满足设计要求；当设计无具体要求时，不应低于设计混凝土强度等级值的75%。

13.沉井预制：设计无要求时，混凝土强度应达到设计强度等级75%后，方可拆除模板或浇筑后节混凝土。

14.换热站设备的安装要点：灌注地脚螺栓用的细石混凝土（或水泥砂浆）强度等级应比基础混凝土的强度等级提高一级；拧紧地脚螺栓时，灌注混凝土的强度应不小于设计强度的75%。

15.供热管道清洗：吹洗使用的蒸汽压力和流量应按设计计算确定，吹洗压力不应大于管道工作压力的75%。

16.生活垃圾焚烧厂施工：设备安装前，除必须交叉安装的设备外，土建工程墙体、屋面、门窗、内部粉刷应基本完工，设备基础地坪、沟道应完工，混凝土强度应达到不低于设计强度的75%。

二、70%总结

1.沉箱式帷幕：采用沉箱式帷幕时，沉井混凝土强度达到设计强度的70%及以上方可拆除垫木，并应制定合理的拆除顺序。

2.工作井锁口圈梁：混凝土强度达到设计强度的70%及以上时，方可向下开挖竖井。

3.浅埋暗挖法隧道施工安全技术控制要点：台阶法施工应先开挖上台阶，后开挖下台阶。下部台阶应在拱部初期支护结构变形基本稳定且喷射混凝土达到设计文件规定强度的70%后，方可进行开挖。

4.定位焊：对口完成后应立即进行定位焊，定位焊的焊条应与管口焊接焊条材质相同，定位焊的厚度与坡口第一层焊接厚度相近，但不应超过管壁厚度的70%，焊缝根部必须焊透，定位焊应均匀、对称，总长度不应小于焊道总长度的50%。

三、80%总结

1.水泥混凝土路面养护时间：应根据混凝土弯拉强度增长情况而定，不宜小于设计弯拉强度的80%，一般宜为14～21d。

2.桥梁模板拆除：浆砌石、混凝土砌块拱桥应在砂浆强度达到设计要求强度后卸落拱架，设计未规定时，砂浆强度应达到设计标准值的80%以上。

3.钢梁焊接环境：相对湿度不宜高于80%。

4.桥面防水：基层混凝土强度应达到设计强度的80%以上，方可进行防水层施工。

5.预应力张拉质量控制：压浆后应及时浇筑封锚混凝土。封锚混凝土的强度等级应符合设计要求，不宜低于结构混凝土强度等级的80%，且不低于30MPa。

6.管棚注浆：压力达到设定压力，并稳压5min以上，注浆量达到设计注浆量的80%时，方可停止注浆。

7.桥梁机械拆除：两台起重机共同起吊一货物时，必须有专人统一指挥，两台起重机性能、速度应相同，各自分担的载荷值应小于一台起重机额定总起重量的80%。

（1）简支梁、连续梁结构的模板应从跨中向支座方向依次循环卸落；

（2）悬臂梁结构的模板宜从悬臂端开始顺序卸落；

（3）预应力混凝土结构的侧模应在预应力张拉前拆除；底模应在结构建立预应力后拆除。

4.沉桩顺序：由一端向另一端进行；对于密集桩群，自中间向两个方向或四周对称施打；根据基础的设计标高，宜先深后浅；根据桩的规格，宜先大后小，先长后短。

5.梁板浇筑：

（1）腹板底部为扩大断面的T形梁，应先浇筑扩大部分并振实后，再浇筑其上部腹板。

（2）U形梁可一次浇筑或分两次浇筑。一次浇筑时，应先浇筑底板（同时腹板部位浇筑至底板承托顶面），待底板混凝土稍沉实后再浇筑腹板；分两次浇筑时，先浇筑底板至底板承托顶面，按施工缝处理后，再浇筑腹板混凝土。

6.悬臂浇筑合龙：预应力混凝土连续梁合龙顺序一般是先边跨，后次跨，最后中跨。

7.钢梁安装要点：

（1）钢梁杆件工地焊缝连接，应按设计顺序进行。无设计顺序时，焊接顺序宜为纵向从跨中向两端、横向从中线向两侧对称进行。

（2）高强度螺栓穿入孔内应顺畅，不得强行敲入。穿入方向应全桥一致。施拧顺序为从板束刚度大、缝隙大处开始，由中央向外拧紧，并应在当天终拧完毕。

8.钢-混凝土结合梁：钢-混凝土结合梁桥面混凝土应全断面连续浇筑，浇筑顺序是，顺桥向应自跨中开始向支点处交汇，或由一端开始浇筑；横桥向应先由中间开始向两侧扩展。

9.桥面防水基层处理：喷涂基层处理剂前，应采用毛刷对桥面排水口、转角等处先行涂刷，然后再进行大面积基层面的喷涂。

10.防水卷材施工：卷材防水层铺设前应先做好节点、转角、排水口等部位的局部处理，然后再进行大面积铺设。

11.防水卷材的铺设：铺设防水卷材应平整顺直，搭接尺寸应准确，不得扭曲、褶皱。卷材的展开方向应与车辆的运行方向一致，卷材应采用沿桥梁纵、横坡从低处向高处的铺设方法，高处的卷材应压在低处卷材之上。

12.胎体增强材料铺设：涂料防水层内设置的胎体增强材料，应顺桥面行车方向铺贴。铺贴顺序应自最低处开始向高处铺贴并顺桥宽方向搭接，高处胎体增强材料应压在低处胎体增强材料之上。

13.防水层施工：两幅塑料防水板的搭接宽度不应小于100mm。下部塑料防水板应压住上部塑料防水板。接缝焊接时，塑料防水板的搭接层数不得超过3层。

14.压力注浆法帷幕：

（1）注浆孔应按序列编号，注浆宜按隔一孔或多孔的顺序进行，当地下水流速较大时，应从水头高的一端开始注浆。

（2）对渗透系数变化较小的地层，应先注浆封顶，后自下而上注浆，防止浆液上冒。

12.喷射混凝土：喷射混凝土的养护应在终凝2h后进行，养护时间应不小于14d，[illegible]

[illegible]

13.单元组合现浇混凝土施工：大型矩形水池为避免裂缝渗漏，设计通常采用单元组合结构将水池分块（单元）浇筑。各块（单元）间留设后浇缝带，池体钢筋按设计要求一次绑扎好，缝带处不切断，待块（单元）养护42d后，再采用比块（单元）高一个强度等级的混凝土或掺加UEA的补偿收缩混凝土灌注后浇缝带且养护时间不应低于14d，使其连成整体。

14.水池混凝土养护：洒水养护宜在混凝土裸露表面覆盖麻袋或草帘后进行，也可采用直接洒水、蓄水等养护方式；洒水养护应保证混凝土表面处于湿润状态，养护时间不应少于14d，养护至达到规范规定的强度。

[illegible]

[illegible]

15.水处理厂站冬期施工安全质量措施：混凝土结构宜采取蓄热法养护，养护时间不少于14d，期间根据温度变化，及时调整养护措施以确保结构养护质量。

16.调节池施工：混凝土浇筑完成后，应按施工方案及时采取有效养护措施，洒水养护时间不少于14d。

17.防水混凝土施工应符合下列规定：

（1）运输与浇筑过程中严禁加水；

（2）应及时进行保湿养护，养护期不应少于14d；

（3）后浇带部位的混凝土施工前，交界面应做糙面处理，并应清除积水和杂物。

18.轨道交通工程细部构造防水工程：后浇带混凝土应一次浇筑，不得留设施工缝；混凝土浇筑后应及时养护，养护时间不得少于28d。

七、高差知识点总结

[illegible]

1.涵洞回填：[illegible]后方可进行。涵洞土方回填时，两侧应对称进行，高差不宜超过300mm。

2.给排水管道回填：刚性管道回填时，管道两侧和管顶以上500mm范围内胸腔夯实，应采用轻型压实机具，管道两侧压实面的高差不应超过300mm。

八、施工顺序总结

[illegible]

[illegible]机最快速度不宜超过4km/h。

3.模板支架拆除：模板、支架和拱架拆除应遵循先支后拆、后支先拆的原则。支架和拱架应按几个循环卸落，[illegible]

（3）对渗透系数随深度加深而增大的地层，应自下而上注浆；对互层地层，应先对渗透系数或孔隙率大的地层注浆。

15.中洞法施工：喷锚暗挖法初期支护自上而下施作，二次衬砌自下而上施工，施工质量容易得到保证。

16.喷射混凝土：喷射混凝土应分段、分片、分层自下而上依次进行分层喷射。后一层喷射应在前一层混凝土终凝后进行。

17.长条形基坑开挖：地铁车站的长条形基坑开挖应遵循分段分层、由上而下、先支撑后开挖的原则，兼作盾构始发井的车站，一般从两端或一端向中间开挖，以方便端头井的盾构始发。

18.工作井竖井开挖：竖井应对称、分层、分块开挖，每层开挖高度不得大于设计规定，随挖随支护；每一分层的开挖，宜遵循先开挖周边、后开挖中部的顺序。

19.马头门施工：马头门开启应按顺序进行，同一竖井内的马头门不得同时施工。一侧隧道掘进15m后，方可开启另一侧马头门。马头门标高不一致时，宜遵循先低后高的原则。

20.小导管注浆顺序：应由下而上、间隔对称进行；相邻孔位错开、交叉进行。

21.管棚钻孔顺序：应由高孔位向低孔位进行。钻孔直径比设计管棚直径大30～40mm。

22.管道雨期施工措施：沟槽开挖前，施工现场应设置排水疏导线路；宜先下游后上游安排施工，应缩短开槽长度，快速施工。

23.给水排水构筑物施工及验收有关规定：给水排水构筑物施工时，应按先地下后地上、先深后浅的顺序施工，并应防止各构筑物交叉施工相互干扰。

九、材料存放要求

1.钢筋：钢筋在运输、储存、加工过程中应防止锈蚀、污染、变形。在工地存放时应按不同品种、规格，分批分别堆放整齐，不得混杂，并应设立识别标志，存放时间不超过6个月；存放场地应有防、排水设施，且钢筋不得直接置于地面，应垫高或堆置在台座上，钢筋与地面之间应垫不低于200mm的地楞。顶部采用合适的材料覆盖，防水浸、雨淋。

2.预应力筋：存放的仓库应干燥、防潮、通风良好、无腐蚀气体和介质。存放在室外时不得直接堆放在地面上，必须垫高、覆盖、防腐蚀、防雨露，时间不宜超过6个月。

3.支座：支座应存放在干燥通风的库房内，应垫高、堆放整齐，不得直接置于地面；支座不得与酸、碱、油类、有机溶剂和具有腐蚀性的液体、气体等接触，且应远离热源。运输和装卸时，应采取有效措施防止产生碰撞或损伤。

4.预应力混凝土梁、板：构件应按其安装的先后顺序编号存放，预应力混凝土梁、板的存放时间不宜超过3个月，特殊情况下不应超过5个月。

构件多层叠放：当多层构件叠放时，层与层之间应以垫木隔开，各层垫木的位置应设在设计的支点处，上下层垫木应在同一直线上。大型构件宜为2层，不应超过3层；小型构件宜为6～10层。

5.伸缩装置：伸缩装置不得露天堆放，存放场所应干燥通风，产品应远离热源1m以外，不得与地面直接接触，存放应整齐、保持清洁，严禁与酸、碱、油类、有机溶剂等相接触。

6.钢筋码放：整捆码垛不宜超过2m，散捆码垛不宜超过1.2m。

7.加工成型的钢筋笼：应水平放置。码放高度不得超过2m，码放层数不宜超过3层。

8.混凝土桩堆放：混凝土桩支点应与吊点在一条竖直线上，堆放时应上下对准，层数不宜超过4层。钢桩堆放层数不得超过3层。

9.格栅拱架：格栅拱架、钢筋网片应分类存放、标识，并应采取防锈蚀措施；运输和存放过程中应采取防变形措施。

10.聚乙烯管材：

（1）管材、管件和阀门应按不同类型、规格和尺寸分别存放，并应遵照“先进先出”的原则。

（2）管材、管件和阀门应存放在仓库内或半露天场地内。存放在半露天堆场内，不应受到暴晒、雨淋，应有防紫外线照射的措施。

（3）管材、管件和阀门应远离热源，严禁与油类或化学品混合存放。

（4）管材应水平堆放在平整的支撑物或地面上，管口应封堵。当直管采用梯形堆放或两侧加支撑保护的矩形堆放时，堆放高度不宜超过1.5m；当直管采用分层货架存放时，每层货架高度不宜超过1m。

（5）管件和阀门应成箱存放在货架上或叠放在平整地面上；当成箱堆放时，高度不宜超过1.5m。使用前，不得拆除密封包装。

（6）从生产到使用期间，管材存放时间超过4年，密封包装的管件存放时间超过6年，应对其抽样检验，性能符合要求方可使用。

11.预制直埋管道：堆放时不得大于3层，且高度不得大于2m；施工中应有防火措施。

12.膨润土防水毯：膨润土防水毯应贮存在防水、防潮、干燥、通风的库房内，并应避免暴晒、直立与弯曲。未正式施工铺设前严禁拆开包装。贮存和运输过程中，必须注意防潮、防水、防破损漏土。膨润土防水毯不应在雨雪天气施工。

13.HDPE膜：HDPE膜应存放在干燥、阴凉、清洁的场所，远离热源并与其他物品分开存放。存放时间超过2年的，使用前应进行重新检验。

十、不得堆放材料的要求

1.基坑边坡稳定控制措施：严禁在基坑边坡坡顶较近范围堆放材料、土方和其他重物以及停放或行驶较大的施工机械。

2.水池混凝土强度：现浇水池混凝土强度达到1.2MPa前，不得在其上踩踏、堆放物料或安装模板及支架。

3.沉入桩施工安全控制要点：焊接作业现场应按消防部门的规定配置消防器材，周围10m范围内不得堆放易燃易爆物品。

4.基坑顶部堆放物品的规定：基坑顶部周围2m范围内，严禁堆放弃土及建筑材料等。2m范围以外堆载时，不应超过设计荷载值，并应设置堆放物料的限重牌。

5.坍塌事故预防措施：施工现场物料不宜堆置在基坑边缘、边坡坡顶、桩孔边，当需堆置时，堆置的重量和距离应符合设计规定。各类施工机械与基坑边缘、边坡坡顶、桩孔边的距离，应根据设备重量、支护结构、土质情况按设计要求进行确定，并不宜小于1.5m。

6.基坑周围堆放物品的规定：建筑基坑周围6m以内不得放阻碍排水的物品或垃圾，保持排水畅通。

十一、材料进场验收总结

1.预应力筋：预应力筋进场时，应对其质量证明文件、包装、标志和规格、产品合格证、出厂检验报告和进场试验报告进行检验。

2.预应力管道：管道进场时，应检查出厂合格证和质量保证书，核对其类别、型号、规格及数量，进行管道外观质量检查、径向刚度和抗渗漏性能检验。金属螺旋管累计半年生产量或50000m生产量为一批。塑料管每批数量≤10000m。

3.锚具、夹具、连接器：进场应检查出厂合格证和质量证明书，核查其锚固性能类别、型号、规格、数量，确认无误后进行外观检查、硬度检验和静载锚固性能试验。

锚具、夹片应以不超过1000套为一个验收批。连接器的每个验收批不宜超过500套。

4.管片质量控制：

（1）按设计要求进行结构性能检验；

（2）强度和抗渗等级符合设计要求；

（3）吊装预埋件首次使用前必须进行抗拉拔试验；

（4）不应存在露筋、孔洞、疏松、夹渣、有害裂缝、缺棱掉角、飞边等缺陷。

5.供热管道物质准备：检查钢管的材质、规格和壁厚、材料的合格证书、质量证明书及复验报告。

属于特种设备的压力管道元件（管道、弯头、三通、阀门等），制造厂家应有相应的特种设备制造资质，其质量证明文件、验收文件应符合特种设备安全监察机构的相关规定。实物、标识应与质量证明文件相符。

6.垃圾填埋场膨润土：膨润土进场应核验产品出厂三证（产品合格证、产品说明书、产品试验报告单），进货时进行产品质量检验，组织产品质量复验或见证取样，确定合格后方可进场。

十二、后浇带施工要求

1.先简支后连续梁湿接头：

（1）一联梁全部安装完成后再浇筑湿接头混凝土。

（2）湿接头处的梁端，应按施工缝的要求进行凿毛处理。

（3）湿接头的混凝土宜在一天中气温相对较低的时段浇筑，且一联中的全部湿接头应一次浇筑完成。

（4）湿接头的养护时间不少于14d。

2.桥梁合龙：

（1）合龙顺序：先边跨、后次跨、最后中跨。

（2）合龙长度宜为2m。

（3）合龙宜在一天中气温最低时进行。

（4）合龙段混凝土强度宜提高一级，以尽早施加预应力。宜采用微膨胀混凝土或纤维混凝土，增加混凝土的抗裂性。

3.轨道交通工程细部构造防水工程：

（1）后浇带补偿收缩混凝土浇筑前，后浇带部位和外贴式止水带应采取保护措施。

（2）后浇带两侧的接缝表面应先清理干净，再涂刷混凝土界面处理剂或防水涂料。

（3）后浇带混凝土应一次浇筑，不得留设施工缝；混凝土浇筑后应及时养护，养护时间不得少于28d。

4.单元组合式矩形水池后浇带：各块（单元）间留设后浇缝带，池体钢筋按设计要求一次绑扎好，缝带处不切断，待块（单元）养护42d后，再采用比块（单元）强度提高一个等级的混凝土或掺加UFA的补偿收缩混凝土灌注后浇缝带且养护时间不应低于14d，使其连成整体。

用于后浇带、膨胀加强带部位的补偿收缩混凝土的设计强度等级应比两侧混凝土提高一个等级，其限制膨胀率满足设计要求。

5.预应力水池后浇带：后浇带浇筑应在两侧混凝土养护不少于42d以后进行。后浇带混凝土的养护时间不应少于14d。

十三、预应力筋保护层厚度

1.钢筋的混凝土保护层厚度：

（1）普通钢筋和预应力直线形钢筋的最小混凝土保护层厚度不得小于钢筋公称直径，后张法构件预应力直线形钢筋不得小于其管道直径的1/2。

（2）当受拉区主筋的混凝土保护层厚度大于50mm时，应在保护层内设置钢筋网。

（3）钢筋机械连接件的最小保护层厚度不得小于20mm。

2.桥梁后张法封锚：

（1）后张法预应力筋锚固后的外露部分应采用机械切割工艺切除。预应力筋的外露长度不宜小于其直径的1.5倍，且不应小于30mm。

（2）外露锚具和预应力筋的混凝土保护层厚度处于一类环境时，不应小于20mm；处于二类环境时，不应小于50mm；处于三类环境时，不应小于80mm。

3.土钉墙支护：应沿土钉全长设置对中定位支架，其间距宜取1.5～2.5m，土钉钢筋保护层厚度不宜小于20mm。

4.喷射混凝土施工：钢筋网的喷射混凝土保护层不应小于20mm。

5.预应力水池封锚要求：

（1）凸出式锚固端锚具的保护层厚度不应小于50mm。

（2）外露预应力筋的保护层厚度不应小于50mm。

十四、人工开挖预留量

1.挖土路基：机械开挖时，必须避开构筑物、管线，在距管道边1m范围内应采用人工开挖；在距直埋缆线2m范围内必须采用人工开挖。挖方段不得超挖，应留有碾压到设计标高的压实量。

2.基坑土方开挖方法：深层土方开挖，坑底以上0.3m的土方采用人工开挖。

3.逆作法结构顶板：距离结构设计标高0.2m内的土方应采用人工开挖。

4.基坑开挖施工：土方自上而下分层、分段依次开挖，及时施作支撑或锚杆。开挖至基底200mm时，应人工配合清底，不得超挖或扰动基底土。

5.给排水管道沟槽开挖：槽底原状地基土不得扰动，机械开挖时槽底预留200～300mm土层，由人工开挖至设计高程，整平。

十五、主控项目总结

1.路基主控项目：压实度、弯沉值。

2.基层主控项目：

（1）无机结合类：原材料、压实度、7d无侧限抗压强度。

（2）柔性类：集料和级配、压实度、弯沉值。

3.沥青面层：原材料、压实度、厚度、弯沉值。

4.模板、支架和拱架主控项目：模板、支架和拱架制作及安装应符合施工设计要求且稳固牢靠，接缝严密，立柱基础有足够的支撑面和排水、防冻融措施。

5.钢筋主控项目：钢筋的材料；钢筋弯制和末端弯钩；受力钢筋连接；钢筋安装。

6.混凝土主控项目：原材料、添加剂、配合比、混凝土强度等级、抗冻性能试验、抗渗性能试验。

7.预应力混凝土主控项目：混凝土质量检验；预应力筋的品种、规格、数量；预应力筋用锚具、夹具和连接器进场检验；预应力筋进场检验；预应力筋张拉和放张时混凝土强度；预应力筋张拉允许偏差；孔道压浆的水泥浆强度；锚具的封闭保护。

8.支座质量检验主控项目：

（1）支座进场检验。

（2）跨距、支座栓孔位置。

（3）支座垫石顶面高程、平整度、坡度、坡向。

（4）支座与垫石间隙必须密贴，间隙不得大于0.3m。

（5）支座锚栓的埋置深度和外露长度。

（6）支座的粘结灌浆和润滑材料。

9.钢梁安装主控项目：

（1）钢材、焊接材料、涂装材料应符合国家现行标准规定和设计要求。

（2）高强度螺栓连接副等紧固件及其连接应符合国家现行标准规定和设计要求。

（3）高强螺栓的栓接板面（摩擦面）除锈处理后的抗滑移系数应符合设计要求。

（4）焊缝无损检测。

（5）涂装检验。

10.顶进箱涵主控项目：滑板轴线位置、结构尺寸、顶面坡度、锚梁、方向墩。

11.基坑回填质量验收的主控项目：

（1）土质、含水率。

（2）宜分层、水平机械压实，压实后的厚度应根据压实机械确定，且不应大于0.3m。结构两侧应水平、对称同时填压。

12.土石方与基础主控项目：沟槽边坡稳定，不得有滑坡、塌方等现象；沟槽地基承载力或复合地基承载力满足设计要求；地基处理时压实度、厚度满足设计要求。

13.沟槽回填主控项目：回填材料；柔性管道的变形率；有功能性试验要求的管道，试验合格；回填土压实度。